Olaf Kortmann

30 Minuten

Transformationales Führen

Bibliografische Information der Deutschen Nationalbibliothek

Die Deutsche Nationalbibliothek verzeichnet diese Publikation in der Deutschen Nationalbibliografie; detaillierte bibliografische Daten sind im Internet über http://dnb.d-nb.de abrufbar.

Umschlaggestaltung: die imprimatur, Hainburg
Umschlagkonzept: Martin Zech Design, Bremen
Lektorat: Eva Gößwein, Berlin
Illustration: Christian Thamm, Hamburg
Grafik: Nicole Arndt, Hamburg
Satz: Zerosoft, Timisoara (Rumänien)
Druck und Verarbeitung: Salzland Druck, Staßfurt

2. Auflage 2019

Hinweis:
Das Buch ist sorgfältig erarbeitet worden. Dennoch erfolgen alle Angaben ohne Gewähr. Weder Autor noch Verlag können für eventuelle Nachteile oder Schäden, die aus den im Buch gemachten Hinweisen resultieren, eine Haftung übernehmen.

Printed in Germany

ISBN 978-3-86936-739-2

In 30 Minuten wissen Sie mehr!

Dieses Buch ist so konzipiert, dass Sie in kurzer Zeit prägnante und fundierte Informationen aufnehmen können. Mithilfe eines Leitsystems werden Sie durch das Buch geführt. Es erlaubt Ihnen, innerhalb Ihres persönlichen Zeitkontingents (von 10 bis 30 Minuten) das Wesentliche zu erfassen.

Kurze Lesezeit

In 30 Minuten können Sie das ganze Buch lesen. Wenn Sie weniger Zeit haben, lesen Sie gezielt nur die Stellen, die für Sie wichtige Informationen beinhalten.

- Alle wichtigen Informationen sind blau gedruckt.
- Schlüsselfragen mit Seitenverweisen zu Beginn eines jeden Kapitels erlauben eine schnelle Orientierung: Sie blättern direkt auf die Seite, die Ihre Wissenslücke schließt.
- *Zahlreiche Zusammenfassungen innerhalb der Kapitel erlauben das schnelle Querlesen.*
- Ein Fast Reader am Ende des Buches fasst alle wichtigen Aspekte zusammen.
- Ein Register erleichtert das Nachschlagen.

Inhalt

Vorwort

Häufig stellen mir Führungskräfte in Seminaren die Frage: „Wie motiviere ich denn am effektivsten?“ Sie glauben, dass es eine bestimmte Methode gäbe, um ihre Mitarbeiter oder ihr Team „so richtig in Schwung zu bringen“. Schon durch das Interesse an dieser Frage wird klar, dass es für erfolgreiche „Leader“ heute längst nicht mehr ausreicht, fachlich und technisch kompetent zu sein.

Dennoch übernehmen die meisten der heutigen Führungskräfte vorrangig aufgrund ihrer eigenen fachlichen Kompetenz und ihrer Erfahrungen eine Leitungsfunktion. Ausgestattet mit erstklassigem fachlichem Know-how haben sie jedoch selten gelernt, „sozial kompetent“ Fähigkeiten und Wissen an Dritte weiterzugeben. So hoffen sie immer noch auf ein fertiges Patentrezept für den Umgang mit Menschen.

Während der Seminare zeigt sich dann, dass viele Führungskräfte zur Leistungssteigerung bereits ein persönliches System entwickelt haben, das irgendwo zwischen Belohnung und Strafe liegt. Aber irgendwie will es nicht so richtig gelingen. Immer wieder treten Situationen ein, in denen den Mitarbeitern die Begeisterung fehlt, weil ein Zwischenziel nicht erreicht werden konnte oder ein routiniertes, lang antrainiertes Muster nicht abrufbar ist.

Solche Situationen erfordern von jeder Führungskraft, sich über herkömmliche Qualitätsanforderungen hin-

aus mit dem transformationalen Führen zu beschäftigen.
Ich möchte der umfangreichen Führungsliteratur nun kein neues theoretisches Modell hinzufügen, sondern Ihnen eine Wegbegleitung zum transformationalen Leader an die Hand geben. Meine Erfahrungen aus Kulturentwicklungsprozessen, Seminaren und Workshops machen deutlich: Ideal ist eine Synthese aus maximaler transformationaler Führung und moderater transaktionaler Führung. Was das ist, wie man damit umgeht und was das letztendlich für den Führungs-Praktiker bedeutet, erfahren Sie in diesem Buch.
Es geht mir nicht darum, Führung zu vereinheitlichen. Vielmehr sollten schon bestehende Ansätze transformationaler Prinzipien im Führungsverhalten entdeckt und weiterentwickelt werden. Es braucht sich niemand neu zu erfinden. Führungs-Persönlichkeiten sollten aber bereit sein, neue Möglichkeiten zu erkunden und ihre Ressourcen zu erweitern.
Ich danke allen Freunden, Trainerkollegen, Personalern und Führungskräften, die mich in vielen Diskussionen bereichert, mich zum Schreiben ermutigt haben und deren Gedanken in dieses Buch eingegangen sind. Und Christian Thamm, der die Worte mit seinen schönen Illustrationen bebildert hat.

Viel Freude bei der Lektüre wünscht Ihnen
Ihr Olaf Kortmann

30 MINUTEN

1. Gesellschaft und Führung im Wandel

Die Wirksamkeit des Konzeptes der transformationalen Führung ist darauf zurückzuführen, dass es Führungskräften ermöglicht, auch in schwierigen Situationen, die von Veränderungen, Wandel und neuen Anforderungen geprägt sind, Mitarbeiter zu begeistern und hervorragende Leistungen zu erzielen.
Transformationale Führung zielt darauf ab, Werte und Einstellungen von Mitarbeitern zu „transformieren" (lateinisch transformare = umformen, umgestalten) und dadurch deren intrinsische Motivation zu steigern. Denn in Zukunft werden Führungskräfte auch daran gemessen werden, inwieweit sich ihr Führungsverhalten vor dem Hintergrund aktueller gesellschaftlicher Trends und Entwicklungen als effektiv erweist. Doch welche gesellschaftlichen Themen und Einflussfaktoren werden für Führungskräfte besonders relevant sein?

1.1 Veränderung als Konstante

Das gesellschaftliche Umfeld von Unternehmen ist einem stetigen Wandel unterworfen. Unternehmen müssen sich deshalb an vielfältige Bedingungen anpassen. Globale Konkurrenzkämpfe und ein erhöhter Wettbewerbsdruck, Machtverschiebungen in der Weltwirtschaft, Markteinbrüche und technologische Entwicklungen erfordern eine permanente Neuausrichtung und ein hohes Maß an Flexibilität und Anpassungsfähigkeit von Organisationen und den in ihnen arbeitenden Menschen. Und das Veränderungstempo hat radikal zugenommen.
Auch die Arbeitswelt verändert sich rasant – technologisch, ökonomisch und sozial. Beide Kompetenzen – Flexibilität und Anpassungsfähigkeit – helfen, mit der wachsenden Komplexität und der damit verbundenen Unsicherheit besser umgehen zu können. Sie haben aber auch Auswirkungen auf die organisationale Struktur eines Unternehmens.

Führungskräfte als Veränderungs-Coaches

Führungskräften kommt immer mehr die besondere Rolle des „Veränderungs-Coaches" zu. Sie sollen Mitarbeiter dabei unterstützen, ihre Kompetenzen auszubauen, um oben beschriebene Veränderungs- und Innovationsprozesse erfolgreich bewältigen zu können. Veränderungsorientierte transformationale Führung nimmt so Einfluss auf die Struktur und Kultur einer

Organisation und unterstützt diese bei der Anpassung an veränderte Umweltbedingungen.

Flexibilität und Anpassungsfähigkeit sind heutzutage angesichts des hohen Veränderungstempos wichtiger denn je. Transformationale Führung ermöglicht es, Veränderungs- und Innovationsprozesse erfolgreich zu begleiten.

1.2 Der demografische Wandel

Die Altersstruktur in der Bundesrepublik stellt Unternehmen vor große Herausforderungen bei der Personalplanung und -beschaffung. Deutschland erwartet einen Mangel an Fachkräften und einen immer höheren Anteil an älteren Beschäftigten. So wird es für gut ausgebildete Mitarbeiter viele berufliche Wahlmöglichkeiten geben.

Im Vergleich zu früheren Zeiten bleibt heute fast niemand mehr sein Leben lang in ein und demselben Unternehmen. Eine große Bedeutung kommt im Wettbewerb um Fachkräfte somit der Attraktivität und dem Image von Unternehmen zu. Um Mitarbeiter zu gewinnen, langfristig zu binden und sich gegen Wettbewerber durchzusetzen, muss ein Unternehmen deshalb auch verstärkt in seine sozialen Initiativen investieren.

Führungskräfte als Vermittler

Und hier kommt den Führungskräften eine besondere Rolle zu. In ihrer Vermittlerrolle zwischen den Anforderungen der Organisation und den Wünschen der Mitarbeiter müssen sie sich um mehr persönliche Bindung bemühen, um die Mitarbeiter zu halten und zu integrieren. Denn die Wahlmöglichkeiten geben den Mitarbeitern mehr Unabhängigkeit und haben somit Auswirkungen auf die soziale Beziehungsgestaltung zwischen Führungskräften und Mitarbeitern.

Da die Bevölkerung schrumpft und altert, wird es immer wichtiger, auch die Beschäftigungsfähigkeit einer alternden Belegschaft sicherzustellen. Die Unternehmen müssen sehen, wie sie ältere Mitarbeiter besser integrieren, gesund halten und vorhandene Arbeitskraftpotenziale sowie stille Reserven besser nutzen.

Führungskräfte müssen den vorhandenen Grad der Leistungsfähigkeit und -bereitschaft der älteren Mitarbeiter richtig erkennen, einschätzen und geschickt mit den Fähigkeiten der jüngeren Teammitglieder verknüpfen. Dazu benötigen sie hohes Einfühlungsvermögen und neben der reinen Führungsintelligenz auch die kommunikative Intelligenz, mit den diversen „Playern“ in den verschiedenen Teams verbal adäquat in Kontakt zu treten.

Aktive und effektive transformationale Führung stellt sich für Organisationen als wichtiger Schlüssel dar, um mit diesen Herausforderungen umzugehen und sie in Stärken zu verwandeln.

Unternehmen müssen sich zukünftig verstärkt bemühen, für Fachkräfte attraktiv zu bleiben. Zudem gilt es, auch die Potenziale älterer Mitarbeiter zu nutzen. Führungskräften kommt angesichts dieser Herausforderungen eine Vermittlerrolle zu.

1.3 Wertedynamik

Jede Generation von Arbeitskräften verfügt über eigene Werte und Lebenseinstellungen. Und gerade unsere junge Nachwuchsgeneration stellt Selbstverständliches im Arbeitsleben infrage und leitet einen Wertewandel ein.

Waren Status und Geld für die Anschaffung des ersten Kleinwagens Antreiber für eine hohe Arbeitsleistung früherer Generationen und unterstützten Werte wie Gehorsam und Disziplin in Form von Stempeluhren diesen Arbeitsethos, so fragen Nachwuchskräfte heute verstärkt nach der Sinnhaftigkeit ihrer Arbeit sowie von Abläufen und Strukturen. Perspektiven, Unabhängigkeit, Selbstbestimmtheit und individuelle Lebenslust haben eine hohe Priorität.

Themen und Begriffe wie Life-Balance, Vereinbarkeit von Familie und Beruf, Unterstützung bei der Kinderbetreuung, Teilzeit, Lebensarbeitszeitmodelle, Elternzeit, Sabbatical und Homeoffice sind aus der heutigen Arbeitswelt nicht mehr wegzudenken und werden in ihrer Bedeutsamkeit noch weiter wachsen.

Neben den vielfältigen Teilzeit-Modellen etablieren sich immer mehr an der direkten Nachfrage orientierte Arbeitsverträge, die sogenannten Job-on-Demand-Modelle (Arbeit auf Abruf). Das wiederum fördert den sozialen Pragmatismus und nicht die gewünschte Loyalität. Die Fluktuation steigt. Die Leistungsträger von morgen sind nicht nur anspruchsvoller als ihre Vorgänger, sie sind auch unabhängiger. Erfüllt ein Arbeitgeber oder ein Arbeitsfeld ihre Erwartungen nicht, wechseln sie zu einem Wettbewerber.

Führungskräfte als Lernende

Obwohl die dazugehörigen Konzepte immer noch nicht voll akzeptiert und ausgereift sind, verlangen diese neuen Anforderungen der Mitarbeiter Veränderungen in den Arbeitsbedingungen und insbesondere ein völlig anderes Verständnis von Mitarbeiterführung. Um langfristig Zufriedenheit und Identifikation mit dem Unternehmen zu gewährleisten, sollte der Mitarbeiter nicht nur als Befehlsempfänger gesehen werden. Der Rückgang betriebsbezogener Bindungen verlangt nach Ausgleich durch personale transformationale Führung. Führungskräfte werden Mitarbeitern mehr Freiraum geben, sie aktiv in die Organisation einbinden und die intrinsisch motivierenden Aspekte einer Arbeitsaufgabe betonen müssen. Zudem müssen sie bereit sein, ihr eigenes (Führungs-)Verhalten zu hinterfragen. Oder anders formuliert: Die Führungskräfte müssen sich auch selbst als Lernende begreifen.

Nachwuchskräfte hinterfragen zunehmend die klassischen Arbeitsbedingungen und Strukturen, zudem wechseln sie immer öfter den Arbeitgeber. Um die Bindung der Mitarbeiter ans Unternehmen zu stärken, ist ein neues Führungsverständnis nötig, nach dem Mitarbeiter nicht mehr nur als Befehlsempfänger gesehen werden.

30

1.4 Management von Vielfalt

Bisher waren es die Modelle zur Anwerbung ausländischer Fachkräfte, jetzt sind es Versuche, Flüchtlinge und Neubürger mit Migrationshintergrund zu integrieren: Das Management von Vielfalt (Diversity Management) ist Herausforderung und Chance zugleich.
Die Herkunft der Mitarbeiter und kulturelle Unterschiede müssen berücksichtigt und die betrieblichen Möglichkeiten überdacht werden. Eine Führungskraft muss einem interkulturellen Team vor allem zu Beginn der Arbeit viel mehr Zeit zur Verfügung stellen. Unterschiede müssen von ihr thematisiert, gemeinsame Konsequenzen daraus abgeleitet und verbindliche Normen festgelegt werden.
Eine stärkere Auseinandersetzung mit anderen, unterschiedlichen Kulturen dürfte auch aus einem anderen Grund an Bedeutung gewinnen: Die stärkere Internationalisierung führt dazu, dass Unternehmen an vielen Standorten vertreten sind. Sie erobern neue Märkte,

dehnen ihre Geschäfte ins Ausland aus oder fusionieren mit ausländischen Unternehmen. Mit der Globalisierung der Märkte geht eine Globalisierung der menschlichen Beziehungen einher.

Führung von interkulturellen Teams

Als positiv wird ein Unternehmen zukünftig dann gesehen werden, wenn es die Diversität fördert, eine kulturelle Vielfalt ermöglicht und sich durch eine vorbildliche, innovative Personalpolitik auszeichnet. Die Rolle der Führungskraft ist es deshalb, auf die unterschiedlichen Erwartungen, Wünsche und Vorstellungen bezüglich Führung und Zusammenarbeit ihrer Mitarbeiter einzugehen. Wie Führungskräfte damit umgehen, bestimmt den Erfolg interkultureller Teamarbeit.

Sowohl Zuwanderung als auch die Internationalisierung von Unternehmen machen ein Management von Vielfalt erforderlich. Führungskräfte müssen kulturelle Unterschiede berücksichtigen, um erfolgreiche interkulturelle Teamarbeit zu fördern.

1.5 Neue Kommunikationstechnologien

Die durch fortschreitende Internationalisierung und Flexibilisierung forcierten größeren und komplexeren

Organisationseinheiten stellen Unternehmen und Führungskräfte vor immer neue Herausforderungen. Sie führen häufig zu einer Dezentralisierung von Arbeitsplätzen. Fachlich kompetente, räumlich entfernte Mitarbeiter sollen via technologiebasierter Kooperationstechniken erfolgreich zusammenarbeiten, Höchstleistungen erbringen und Ziele in kürzester Zeit erreichen. Virtuelle Teams – ortsunabhängig und standortverteilt – werden informationstechnisch vernetzt. Die Kommunikation über digitale Medien wird zu einem zentralen Bestandteil der Arbeit. Doch tiefes Vertrauen, die Grundlage für funktionierende Teams, baut sich eher in persönlichen Kontakten auf und nicht rein digital. Durch die fehlende Face-to-Face-Interaktion kann es zu Missverständnissen, Misstrauen und mangelnder Identifikation mit dem Unternehmen kommen.
Aufgrund der räumlichen Distanz werden Konflikte meist erst erkannt, wenn es schon zu spät ist und Mitarbeiter das Arbeiten einstellen oder gar das Team verlassen.

Führung von virtuellen Teams

Die Führungskräfte müssen auf diese Strukturveränderungen reagieren und durch Transparenz, Vertrauen und gemeinsame Verhaltensregeln präventiv vorbeugen. Virtuelle transformationale Führung benötigt einen strukturierten, aber wenig kontrolllastigen Führungsstil, bei dem soziale Kontakte aufrechterhalten werden, der Einsatz der zu nutzenden Kommunikati-

onsmittel definiert wird und gemeinsame Teamnormen und -regeln moderiert werden.
Die „entgrenzte" Arbeitssituation betrifft Führungskräfte, Mitarbeiter und Teams gleichermaßen und erfordert die aktive Auseinandersetzung mit den individuellen Präferenzen. So steht die Führungskraft vor der Herausforderung, mehr Selbstmanagement zuzulassen und einzufordern, aber auch die Mitarbeiter mitzunehmen, die nach wie vor die persönliche Ansprache der Führungskraft und Orientierung brauchen, um motiviert zu sein.

30 *Moderne Kommunikationsmedien ermöglichen eine ortsunabhängige Zusammenarbeit in sogenannten virtuellen Teams. Aufgabe der Führungskraft ist es dabei, Selbstmanagement zu fördern, aber auch das Fehlen des persönlichen Kontakts auszugleichen.*

1.6 Unsere Zukunft: Industrie 4.0

Nach Wasser- und Dampfkraft, der Elektrifizierung und Massenfertigung, der Automatisierung durch Elektronik und IT stehen wir vor einer vierten industriellen Revolution, genannt „Industrie 4.0" oder der zweite digitale Wandel. Digitale Technik wird noch mehr manuelle Prozesse ersetzen, das Internet hält Einzug in die Produktion. Es geht darum, Prozesse als Daten zu verstehen und diese zu vernetzen.

Ein Beispiel:

Stellen Sie sich vor, Ihr Dienstwagen meldet kurz vor der Inspektion über elektronische Identifikationsteile per Internet an den Hersteller den Abnutzungsgrad einzelner Bauteile und errechnet sofort das Gefährdungspotenzial. Der Hersteller leitet die Daten und Warenströme an Ihre heimische Werkstatt. Wenn Sie dann vorfahren, liegen just in time alle Teile bereit, die sofort installiert werden. Die Dauer der Reparatur wurde schon berechnet und zu Ihnen nach Hause übermittelt, damit Sie sorglos und ohne überflüssige Wartezeiten weiterfahren können.

Es kommt zu einer Vernetzung, die Maschinen „reden" miteinander. Industrie 4.0 wird es ermöglichen, den Menschen Informationen zur Verfügung zu stellen und Entscheidungen vorzubereiten. Fabriken werden „intelligent", die Produktion wird von Software gesteuert. Bei aller Vorsicht vor der Beschreibung von Zukunftsszenarien: Es ist augenscheinlich, dass Industrie 4.0, Big Data und Digitalisierung auch unsere Arbeitswelt radikal verändern werden. Die Technologie erlaubt uns heute schon eine völlig andere Organisation der Arbeit, und sie wird sich noch weiter entwickeln. Know-how-Träger werden vernetzt in virtuellen Teams zusammenarbeiten. Arbeitsaufträge können dank der Technologien ebenso von zu Hause oder unterwegs – schnell und selbstbestimmt – ohne Kontrolle und Präsenzpflicht erledigt werden. Die Flexibilisierung der Produktion hat auch eine Flexibilisierung der Arbeitseinsätze zur Folge. Es existiert eine neue Form virtueller

Leiharbeit, in der Menschen Unternehmen mit ihrer Leistung „beliefern" und keinen Regelarbeitszeitvertrag mehr erhalten.

Führungskräfte als „Brückenbauer"

Welche Art von Führung wird gebraucht, wenn Maschinen das rationale Denken übernehmen und Menschen als Vermittler immer mehr in dezentral organisierten Netzwerken arbeiten? Vielleicht wird die Führungskraft der Zukunft eine Art ethisches Korrektiv zu einer digitalen Welt sein. Sie kann mit ihrem Vorteil als „Mensch" im Rahmen der technischen Neuerungen die sozialen Bindungen herstellen, individuelle Gefühle der Mit-Arbeiter wahrnehmen, beachten und bedienen und sich dabei als transformationaler „Brückenbauer" zwischen der digitalen und menschlichen Ebene verstehen.

Die Arbeitswelt verändert sich rasant – technologisch, ökonomisch und sozial. Zusätzlich erhöhen der demografische Wandel und die Forderungen der jungen und nachwachsenden Generationen den Druck auf die Unternehmen, sich diesen Anforderungen zu stellen. Die Veränderungen in der Arbeitswelt erfordern Führungskräfte, die in der Lage sind, auf kontinuierliche Veränderungen flexibel zu reagieren.

Um einerseits strategische Herausforderungen zu meistern, andererseits den Wünschen und Werten der Mitarbeiter gerecht zu werden, wird Führungskräften mit dem transformationalen Führungsverständnis ein Modell mit konkreten Handlungsempfehlungen an die Hand gegeben.

30 MINUTEN

2. Transaktionale Führung

Im Gegensatz zu den im vorigen Kapitel beschriebenen heutigen Herausforderungen war die Führungsaufgabe in früheren Zeiten überschaubar und weit weniger komplex. Der „Vorgesetzte“ konnte die Arbeit seiner „Untergebenen“ notfalls selbst erledigen, war fachkompetent. Der richtige Weg war bekannt, konnte an die jüngeren „Untergebenen“ weitergegeben werden. Außerdem hatte die Führungskraft auch die Möglichkeit, den vermeintlich einzig richtigen Weg durch Sanktionen und Kontrolle durchzusetzen. Wie herrlich überschaubar und eindimensional war doch diese Führungs-Welt!
Diese Arbeitsbeziehung funktioniert nach einem rationalen klassischen Austauschprinzip (= Transaktion) zwischen Führungskraft und Geführten: dem sogenannten transaktionalen Arbeits- und Beziehungsprinzip „Leistung gegen Belohnung“, also „Arbeit gegen Geld, Anerkennung und Status“.

2.1 Vom Manager zum Leader

Transaktionale Führungskräfte arbeiten (auch heute noch) mit leistungsgerechten Belohnungen und Sanktionen, klaren Zielvorgaben oder -vereinbarungen und Feedback in Form von Anerkennung und Kritik. Bei Problemen und „Minderleistung" wird eingegriffen und gegengesteuert. Die Führungskraft kommuniziert ihre hohen Leistungserwartungen und die zu erwartenden Belohnungen, welche die Geführten bei erfolgreicher Zielerreichung erhalten.
Die Belohnung wirkt als positiver Verstärker, wobei der Fokus auf der extrinsischen Motivation liegt. Die Motivation wird dadurch angeregt, dass die Mitarbeiter eine positive Belohnung erwarten können. Durch den Erhalt der Belohnung soll ihr zukünftiges Leistungsverhalten weiter verstärkt werden.
Können die Geführten die gemeinsam vereinbarten Ziele nicht einhalten, dann bleibt die Belohnung aus oder es erfolgt eine Sanktion (= negative Verstärkung). Dann gibt es beispielsweise keinen Bonus, keine Prämie oder keine Gehaltserhöhung. Um dies zu verhindern, beobachtet und kontrolliert die Führungskraft das Verhalten der Mitarbeiter, greift in Ausnahmefällen selbst ein („Management by exception") und führt ein Kritikgespräch.

Führungsverständnis im Wandel

Die transaktionale Führungskraft muss vor allem ein guter Manager sein. Ihre Aufgaben sind: Ziele errei-

chen, effektiv und effizient planen, Strategien umsetzen und die Mitarbeiter bei Laune halten. Dem Management kommt in erster Linie eine strukturierende und ordnende Funktion zu, die sich vornehmlich auf anfallende Aufgaben bezieht.
Die schon beschriebenen Tendenzen der veränderten „Lebenswelt Arbeit", neue gesellschaftliche Umgebungsfaktoren, der demografische Wandel und ein dynamisches Wertebild erfordern eine Veränderung der Unternehmens- und Führungskultur. Sie wirkt sich auch auf die Art und Weise aus, wie Mitarbeiter geführt werden müssen. An die Stelle des Managers tritt der Leader, der seine Führungsaufgabe anders definiert.

Leadership hat im Gegensatz zum Management weniger die Aufgaben als den Menschen, der diese Aufgaben erfüllt, also den Mitarbeiter im Blick.

Antworten auf die Frage nach den „neuen" herausragenden Führungsfähigkeiten gibt das Konzept der transformationalen Führung, das von dem amerikanischen Führungsforscher Bernard Bass entwickelt wurde.

Transformationale Leader

Während bei transaktionaler Führung klare Ziele und Anreize, transparente Erwartungen sowie systematische und verlässliche Belohnungen im Vordergrund stehen, motivieren transformationale Leader ihre Mitarbeiter dadurch, dass sie

1. selbst als glaubwürdig und vertrauenswürdig wahrgenommen werden und damit durch ihre persönliche Vorbildwirkung überzeugen.
2. überzeugend attraktive Visionen vermitteln, für die es sich lohnt, sich zu engagieren.
3. zu unabhängigem Denken anregen und Veränderung unterstützen.
4. die individuelle Entwicklung der Mitarbeiter unterstützen und damit persönliches Wachstum fördern.

Dabei werden vor allem Werte und Motive der Mitarbeiter angesprochen bzw. geweckt (transformiert). An die Stelle kurzfristiger, materieller Ziele treten langfristige, übergeordnete Werte und Ideale. Transformationale Führung stimuliert neben der Ratio des Mitarbeiters auch dessen Emotion. Nach Rationalität und Effizienz geht es im Führungskontext des transformationalen Führens immer mehr darum, Mitarbeitern den Sinn ihres Handelns zu vermitteln sowie Kreativität und Ideen zu fördern. Diese Art von Führung weckt das Eigeninteresse des Mitarbeiters an den Aufgaben und Ergebnissen.

Transaktionale Führung als Grundlage

In empirischen Studien zeigt sich das transformationale Führungskonzept überlegen, was die Forderung nach mehr Persönlichkeits- und Werteorientierung untermauert. Das bedeutet allerdings nicht, dass gänzlich auf klare Ziele und Anreize, transparente Erwartungen sowie systematische und verlässliche Beurteilungen und Belohnungen verzichtet werden soll. Sie stellen vielmehr eine wichtige Grundlage dar.

Das transformationale Führungsverständnis kann somit helfen, den wachsenden Ansprüchen an Führung gerecht zu werden, und einer Führungspersönlichkeit Unterstützung und Orientierung bieten. Die transformationale Führung erkennt, dass die Geführten über den Austauschprozess des transaktionalen Führens hinaus zu außerordentlichen Leistungen motiviert und begeistert werden können. Sie fokussiert sich somit stärker auf die intrinsische Motivation der Geführten, während im Gegensatz dazu das transaktionale Führungsverhalten die extrinsische Anreizgestaltung in den Vordergrund stellt.

Der ideale Leader weist sowohl transformationale als auch transaktionale Führungsverhaltensweisen auf und kann mit diesem breiten Spektrum flexibel auf Situation, Mitarbeiter und Umfeld reagieren.

Die transaktionale Führung ist eine wesentliche Vorbedingung für die transformationale Führung. Die Komponente des transformationalen Führungsverhaltens erweitert auf sehr mächtige Weise das Führungsspektrum der Führungskraft (siehe der „Führungsbaum" , Abb. 2 in Kapitel 4.1). Deswegen ist es auch sinnvoll, sich vor der Beschäftigung mit dem transformationalen Führen zuerst mit den Grundlagen des transaktionalen Führens auseinanderzusetzen.

Beim transaktionalen Führen (Management) stehen die Aufgaben im Zentrum, während der Fokus der transformationalen Führung (Leadership) auf dem Mitarbeiter liegt. Das transformationale Führungsverständnis ist Erfolg versprechend angesichts der heutigen neuen Herausforderungen. Das Konzept der transaktionalen Führung bildet jedoch eine unverzichtbare Grundlage.

2.2 Der transaktionale Regelkreis

Transaktionale Führung beinhaltet konventionelles Führungsverhalten und bietet der Führungskraft einen Rahmen in Form eines Regelkreises.
Der transaktionale Führungsregelkreis ist die Grundlage für ein zielorientiertes, geplantes und effizient strukturiertes Handeln. Er bietet Orientierung und ermöglicht Kontrolle. Er umfasst fünf Schritte, die hier in Verbindung mit Hinweisen für die Führungspraxis vorgestellt werden:

1. Zieldefinition (Was)

Sie können nur dann ein Ziel erreichen, wenn Sie sich des Ziels bewusst sind und es klar formuliert haben. Ihre beruflichen Ziele ergeben sich aus der Gesamtstrategie Ihres Unternehmens oder Geschäftsbereiches. Als Führungskraft sollten Sie Ihre Mitarbeiter möglichst in den Zielfindungsprozess einbinden.

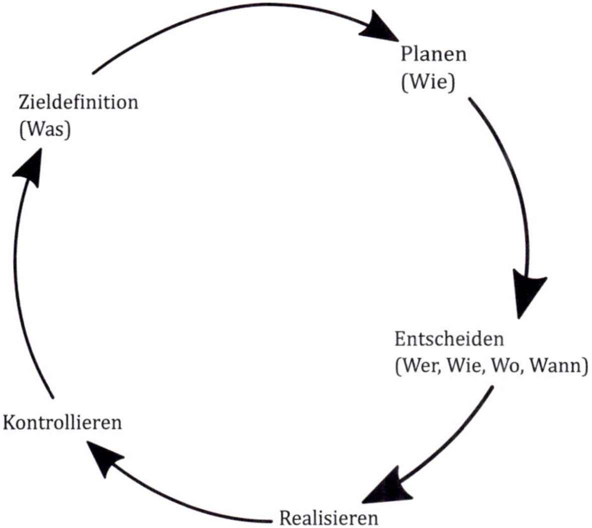

Abb. 1: Der transaktionale Führungsregelkreis

2. Planen (Wie)

Nachdem Sie das Ziel eindeutig formuliert haben, planen Sie alle Aktivitäten, die notwendig sind, um das Ziel zu erreichen. Beachten Sie dabei folgende Kriterien:

- zeitlicher Rahmen
- vorhandene oder zu beschaffende Ressourcen
- örtliche Gegebenheiten
- Schnittstellenproblematiken
- sonstige Rahmenbedingungen

Selbst wenn Sie bei der Planung alle bekannten Einflussfaktoren berücksichtigt haben, können immer wieder unvorhergesehene Störungen eintreten. Reagieren Sie darauf flexibel und passen Sie unter Umständen Ihre Planung an.

3. Entscheiden (Wer, Wie, Wo, Wann)

In der Planungsphase haben Sie die notwendigen Aktivitäten festgelegt. Jetzt entscheiden Sie über die Reihenfolge der Durchführung und die Aufgabenverteilung. Folgende Leitfragen unterstützen Sie bei der Rollenklärung Ihrer Mitarbeiter:

- Wer hat welche Aufgaben?
- Wer ist für was verantwortlich?
- Was ist bei der Ausführung zu beachten?

Formulieren Sie dabei Ihre Erwartungen und fragen Sie nach der Erwartungshaltung Ihrer Mitarbeiter. Erst nach diesem Abgleich können Sie die sogenannten Commitments (Vereinbarungen) festlegen.

4. Realisieren

Im vierten Schritt sind sowohl die Mitarbeiter als auch die Führungskräfte für die Erledigung der übernommenen Aufgaben verantwortlich. Um Ihre festgelegten Ziele zu erreichen, müssen Sie nun

- die Aufgaben und Termine zusammenstellen.
- die Zeiten für die Aufgabenbewältigung einschätzen.
- Unvorhersehbares akzeptieren und mögliche Pufferzeiten einplanen.
- Zwischenkontrollen zur Feinjustierung einplanen.

5. Kontrollieren

Durch das Kontrollieren können Sie feststellen, ob Sie und Ihre Mitarbeiter auf dem richtigen Weg zum Ziel sind. Obwohl Kontrolle in unserem Sprachgebrauch einen negativen Beigeschmack hat (und häufig als Misstrauen empfunden wird), haben Sie damit die Chance, unterstützend und fördernd einzugreifen und das Gesamtergebnis zu optimieren. Nehmen Sie Ihren Mitarbeitern die Angst vor Kontrolle, geben Sie ihnen das Vertrauen, sie in ihrer Entwicklung zu unterstützen. Feedback in Form von Anerkennung oder Kritik ist auch nur möglich, wenn Sie wissen, was Ihre Mitarbeiter wirklich leisten.

Der Regelkreis der transaktionalen Führung ermöglicht zielorientiertes, geplantes und effizient strukturiertes Handeln. Er umfasst fünf Schritte: Zieldefinition, Planen, Entscheiden, Realisieren und Kontrollieren.

2.3 Die sieben transaktionalen Führungswerkzeuge

Aus dem im vorigen Kapitel beschriebenen Führungsregelkreis leitet sich ein transaktionaler Handwerkskoffer ab, der sieben Führungswerkzeuge umfasst:

- Ziele vereinbaren/vorgeben
- Informieren: Strukturen, Vorschriften und Regeln klären

- Delegieren von Aufgaben nach Kompetenzprofil des Mitarbeiters
- Fördern und Entwickeln zur Optimierung von Fähigkeiten
- Kontrollieren von Zwischenergebnissen und Abweichungen
- Feedback zum Prozess und Ergebnis geben
- Zusammenarbeit fördern, um das Gesamtziel zu erreichen

Ziele vereinbaren/vorgeben

Ziele sollten möglichst gemeinsam festgelegt werden, damit die Akzeptanz vorhanden ist und damit eine höhere Identifikation erreicht wird. Wenn aber in bestimmten gewerblichen Produktionsbereichen Kennzahlen oder Zeiten vorgegeben werden, sollte man ehrlicherweise auch von Zielvorgaben sprechen.

Im Mittelpunkt der Zieldefinition stehen zwei unterschiedliche Formen von Zielen:

1. Leistungsziele: Sie beziehen sich auf den sachlichen Beitrag, den der einzelne Mitarbeiter zur Erreichung der Aufgaben leistet. Es gibt viele verschiedene Leistungsziele, einige Beispiele sind: eine Akquiseaktion abschließen, die Öffentlichkeitsarbeit verbessern, das Projekt abschließen, Arbeitsabläufe umstellen. (Siehe auch Beispiel 1.)
2. Entwicklungsziele: Sie dienen der Entwicklung der Fähigkeiten oder des Verhaltens einzelner Mitarbei-

ter. Dazu zählen beispielsweise die Verbesserung der Kommunikation, selbstständigeres Arbeiten oder das Erlernen von bestimmten Fähigkeiten. (Siehe auch Beispiel 2.)

Ziele sollten so formuliert werden, dass man tatsächlich überprüfen kann, ob sie erreicht worden sind. Das heißt Operationalisierung. Will man Ziele präzise operationalisieren, gehören dazu folgende anhand von Beispielen beschriebene Angaben:

Beispiel 1: Leistungsziel „Kundenanschreiben“

1. Konkreter Zielzustand: *Die Kundenanschreiben zur Buchveröffentlichung sollen formuliert und postalisch versandt werden.*
2. Zeit/Menge: *500 Briefe bis zum 30.05.*
3. Verantwortung: *Frau Ann-Marie Herold.*
4. Kontrolle: *Am 20.4. sollen 50 % bereits verschickt sein.*

Beispiel 2: Entwicklungsziel „Verbesserung der internen Kommunikation im Team“

1. Konkreter Zielzustand: *Regelmäßige 14-tägliche Teamtreffen im nächsten Halbjahr.*
2 Zeit/Menge: *Di. 12–13 Uhr/alle Teammitglieder plus Leitung.*
3. Verantwortung: *Einladung durch Teamleitung.*
4. Kontrolle: *Protokollerstellung wechselnd durch Mitglieder des Teams.*

Informieren

Je besser ein Team über die Ziele, die Aufgaben, das Umfeld informiert ist, desto effektiver kann es arbeiten. Wer keinen Zugang zu Informationen hat, fühlt sich übergangen und unterlegen. Fehlende oder unzureichende Information fördert eine Kommunikationsform, die ihre Tücken hat: den sogenannten „Flurfunk".

Informieren Sie Ihre Mitarbeiter regelmäßig schriftlich oder mündlich über folgende Themen:

- Ziele: Ziele und Strategien bilden wie beschrieben den Rahmen der Arbeit im Team. Die Kollegen müssen wissen, wo es hingeht und worauf es ankommt.
- Aufgaben und Arbeitsergebnisse: Jeder im Team muss wissen, was er tun soll, welche Erwartungen an die Qualität und Quantität seiner Arbeit gestellt werden.
- Kennzahlen: Wo stehen Sie? Was haben Sie erreicht? Jeder braucht ein Feedback darüber, was gut gelaufen ist und wo es noch besser werden kann oder muss.
- Zusammenarbeit: Über die Güte der Zusammenarbeit gibt es häufig wenig Austausch. Nutzen Sie Mitarbeiterbefragungen, Führungskräfte-Feedbacks und andere Daten. Auf dieser Grundlage können Sie Verbesserungsvorschläge diskutieren.
- Veränderungen: Über Veränderungen, sei es im Team selbst (Weggänge, Zugänge, neue Verantwortlichkeiten) oder in der Gesamtorganisation (Maßnahmen zur Organisations- und Personalentwick-

lung), müssen Sie präzise, zeitnah und ausführlich berichten.

Delegieren

Delegation ist nicht das Abschieben von unangenehmen Arbeiten auf andere. Delegation heißt: Übertragung von Leistungen, Zuständigkeiten, Rechten. Entweder weil man als Führungskraft nicht die Zeit hat, alles zu erledigen, oder weil es ein anderer besser machen kann. Mit der Abgabe von Arbeit geben Sie auch Verantwortung ab. Also hängt Delegation auch eng mit Vertrauen zusammen. Alle Aufgaben sollten nach Arbeitsauslastung und -befähigung verteilt werden. Unterforderung sollte ebenso vermieden werden wie Überforderung.

Voraussetzung für den Erfolg der Delegation ist ein präziser Arbeitsauftrag. Klären Sie folgende Fragen mit Ihren Mitarbeitern:

- Was? Ziele und Aufgaben definieren, Aufgabe erklären.
- Warum? Bedeutung der Aufgabe herausstellen.
- Wie? Erwartungen definieren, Arbeitsmittel bereitstellen.
- Wann? Plan erstellen, Fristen vereinbaren.

Beraten, fördern und entwickeln

Das Werkzeug „Beraten, fördern und entwickeln" ist eng an das Delegieren gekoppelt. Eine qualitative und quantitative Aufgabenerweiterung führt zu mehr Selbstständigkeit, Problembewusstsein und Eigenverantwortlichkeit. Ihre Anerkennung und konstruktive Kritik gibt den Mitarbeitern einen Orientierungsmaßstab und zeigt ihnen konkrete Möglichkeiten zur Optimierung ihrer Fähigkeiten und beruflichen Weiterentwicklung auf. Sie entscheiden über folgende Möglichkeiten:

- Jobenlargement: quantitative Erweiterung der Aufgaben in der Breite, d. h. Einblick in verschiedene Tätigkeits- und Verantwortungsbereiche.
- Jobenrichment: qualitative Erweiterung des Aufgabenbereichs, d. h. steigende Verantwortung und Entscheidungsfindung für komplexere Aufgaben.
- Jobrotation: Wechseln der Arbeitsplätze innerhalb eines Teams oder einer Gruppe (innerhalb einer Hierarchieebene), d. h. Aneignen der verschiedenen Fähigkeiten und Fertigkeiten der einzelnen Arbeitsplätze.
- Weiterbildung off the job: Besuch von Schulungen, Seminaren, Trainings oder anderen Weiterbildungsveranstaltungen.
- Weiterbildung on the job: Die Weiterbildung erfolgt direkt am Arbeitsplatz in der täglichen Arbeit.
- Mentoren-Prinzip: Eine erfahrene Führungskraft eines anderen Arbeitsbereiches ist Mentor und betreut und berät den Mitarbeiter, ohne in der direkten Führungsverantwortung zu stehen.

Kontrollieren

Kontrollieren als Führungswerkzeug bedeutet, dass Sie die Mitarbeiter bei der Erreichung von klar definierten

Zielen und Aufgaben unterstützen und somit die Erledigung sicherstellen. Es ist ein Angebot, in abgesprochenen Zeiträumen das Erarbeitete zu überprüfen und gegebenenfalls korrigierend einzugreifen.

Kontrolliert zu werden, ist eine Chance für die Mitarbeiter, sich weiterzuentwickeln und bestätigt zu werden.

Kontrollieren ist eine anspruchsvolle Aufgabe für Sie als Führungskraft. Auch hier sind das Was und das Wie von entscheidender Bedeutung. Sagen Sie Ihren Mitarbeitern, dass die Kontrolle nicht nur ihnen gilt, sondern sich auch auf Sie selbst und die Organisation bezieht. Sollten Sie emotionale Widerstände gegen Ihre Kontrolle spüren, schaffen Sie eine vertrauensvolle Gesprächsatmosphäre, in der Vorbehalte und Befürchtungen frei besprochen werden können. Überzeugen Sie Ihre Mitarbeiter, dass Kontrolle keinen Zweifel an deren Zuverlässigkeit ausdrückt, sondern dem Optimieren von Schwachstellen in der Gesamtorganisation dient.

Feedback

Feedback (Rückmeldung) geben ist der Oberbegriff zu Anerkennung und Kritik. Die veralteten Begriffe Lob und Tadel (Kinder werden gelobt/getadelt) streichen Sie als Führungskraft bitte aus Ihrem Wortschatz! Sie drücken ein Herrschaftsverhältnis aus und dienen – lei-

der noch allzu häufig – als einfaches Motivations- und Manipulationsinstrument („Wir müssen die Mitarbeiter mal wieder loben, damit sie Leistung bringen").
Ein aufrechtes, ehrliches Feedback bezieht sich hingegen immer und nur auf das Verhalten und die beobachtete konkrete berufliche Leistung des erwachsenen Mitarbeiters.

Feedbackregeln

- Seien Sie konkret: Je konkreter Sie Ihre Beobachtungen (Fakten) wiedergeben, desto präziser können auch die Folgerungen aus dem Gespräch sein.
- Geben Sie Feedback zeitnah: Feedback sollte immer so zeitnah wie möglich erfolgen. Wenn Ihnen etwas auffällt, sollten Sie es möglichst umgehend ansprechen.
- Machen Sie Ihre Subjektivität deutlich: Geben Sie Feedback in der Ich-Form und machen Sie dadurch die Subjektivität Ihrer Wahrnehmung deutlich. „Ich habe den Eindruck von Schwierigkeiten" ist besser als eine Formulierung wie „Sie kommen wohl nicht zurecht".

Struktur und Wortbeispiel

1. Schritt: Wahrnehmung: *Ich habe beobachtet, dass ...*
2. Schritt: Wirkung: *Das macht mich unzufrieden.*
3. Schritt: Wunsch/Forderung: *Für mich ist wichtig, dass ...*

Gerade als Führungskraft sollten Sie nicht nur Feedback geben, sondern sich regelmäßig eine Rückmeldung von Ihren Mitarbeitern einholen. Nur so haben Sie die Chance, Ihr eigenes Verhalten zu hinterfragen und nach Möglichkeiten zu suchen, Ihr Verhalten zu verändern.

Zusammenarbeit fördern

Nicht nur bei komplexen Zusammenhängen, komplizierten Planungsaufgaben oder schwierigen Entscheidungen ist es von Vorteil, mehrere qualifizierte Personen in den Vorgang miteinzubeziehen. Durch das Zusammenwirken von verschiedenen Perspektiven kann ein neuer, umfassenderer Blickwinkel entstehen, der zu neuen Lösungsideen und optimierten Vorgehensweisen führt. Eine gute Zusammenarbeit fördert das Problembewusstsein und das Verantwortungsgefühl des Einzelnen, denn jeder ist für das Gesamtergebnis stets mitverantwortlich.
Um die Kooperation in Ihrem Verantwortungsbereich zu steigern, klären Sie grundlegend, welche Rechte und Pflichten der Einzelne hat.

Der Werkzeugkasten der transaktionalen Führung
umfasst die Zielvereinbarung oder -vorgabe, das 30
Informieren, Delegieren, Fördern, Kontrollieren
und Feedbackgeben sowie die Steuerung der Zusammenarbeit.

2.4 Grenzen transaktionaler Führung

Obwohl die transaktionale Führung in der Lage ist, ein definiertes Ziel zu erreichen, bleibt die Beziehung zwischen der Führungskraft und dem Mitarbeiter eher unpersönlich und wenig emotional. Das widerspricht dem Wandel der Arbeitswelt und den Erwartungen junger Generationen, die den Anspruch haben, Sinnhaftigkeit, Wohlgefühl und gute Beziehungen am Arbeitsplatz zu erleben.

Der Manager fokussiert seine Aufmerksamkeit auf die Leistung des Mitarbeiters – dieser ist ein rationaler menschlicher Wirtschaftsfaktor (Homo oeconomicus) mit einem langfristigen Planungshorizont. Der Mitarbeiter hat das zu leisten, was von ihm gefordert wird. Die intrinsische Motivation des Mitarbeiters wird zu wenig genutzt und möglicherweise durch Bonussysteme und Incentives sogar vermindert. Unterstellen diese Systeme dem Mitarbeiter doch, dass er ohne weitere Zuzahlungen gar keine überdurchschnittliche Leistung erbringen würde.

Daher ist ein Umdenken in der Art der Führung gefragt. Die transformationale Führung verändert das Verhalten und Bewusstsein aller Beteiligten durch das Thematisieren moralischer Werte und ansprechender Zukunftsvisionen, intellektuelle Stimulation und individuelle Förderung. In der Regel haben Unternehmen heute meist eine Mischkultur aus transaktionalen und transformationalen Elementen.

> Ideal ist eine Synthese aus maximaler transformationaler Führung und moderater transaktionaler Führung.

In den vergangenen Jahren hat sich eine Dualität 30
in der Betrachtungsweise von Führungsstilen durchgesetzt. Mit Bass und Avolio kam die Unterscheidung der transaktionalen (Manager) und transformationalen (Leader) Führung in die Diskussion, welche die Führungsstilforschung heute dominiert.

Die transaktionale Führung beinhaltet ein konventionelles Führungsverhalten, leitet sich aus dem Führungsregelkreis ab und ist ein erlernbares Handwerk, das folgende Werkzeuge einsetzt:

- ***Ziele definieren, vereinbaren oder vorgeben***
- ***Mitarbeiter optimal informieren***
- ***Aufgaben delegieren***
- ***Mitarbeiter qualifizieren***
- ***Weg und Zielerreichung kontrollieren***
- ***Feedback zum Prozess und Ergebnis geben***
- ***Zusammenarbeit im Team steuern***

30 MINUTEN

3. Transformationale Führung

Während die transaktionale Führung im Sinne eines Tauschgeschäfts (Belohnung gegen Zielerreichung) angelegt ist, geht transformationale Führung darüber hinaus und verändert nicht nur das Verhalten, sondern auch die Einstellungen aller Beteiligten, indem die Mitarbeiter gefördert und intellektuell stimuliert werden. Das Thematisieren und Vorleben moralischer Werte und ansprechender Zukunftsvisionen von inspirierenden und inspirierten Leadern regt die Mitarbeiter dazu an, ihrer eigenen Arbeitstätigkeit einen neuen Sinn zu geben und neben eigenen Interessen auch das Wohl höherer Belange zu verfolgen.

Zugegeben: Die Prinzipien des Konzeptes der transformationalen Führung, die von Bass und Avolio beschrieben wurden, sind auf den ersten Blick recht abstrakt und nicht unmittelbar greifbar. Im folgenden Beschreibungs- und Reflexionsprozess werden sie jedoch mit Leben gefüllt.

3.1 Einfluss durch Vorbildwirkung

Die transformationale Führungskraft nimmt eine Vorbildfunktion ein, lebt selbst, was sie anderen vermittelt, wird hohen moralischen Ansprüchen gerecht und regt durch eigene Beispiele die Mitarbeiter zur Nachahmung an.

Die Kraft der persönlichen Ausstrahlung

Der erste Erfolgsfaktor der transformationalen Führung beschreibt die persönliche Ausstrahlungskraft (Charisma) einer Führungspersönlichkeit. Eine Führungskraft ist immer auf dem Präsentierteller und sollte deshalb in all dem, was sie von den Mitarbeitern fordert, ein Vorbild sein. Sie erwartet und setzt dann hohe ethische sowie leistungsbezogene Standards, wirkt als lebendiges Beispiel. Durch ihre Glaubwürdig-

keit („to walk the talk“) wird die Führungskraft so zu einem positiven Rollenmodell, das als Identifikationsfigur anerkannt wird und somit starken Einfluss auf die Entwicklung der Geführten nimmt.
Mitarbeiter wollen wissen, wer sie führt und was für Beweggründe hinter dem Handeln stehen. Wenn ein Mitarbeiter unethisches Verhalten sieht oder vermutet, dann steigt die Wahrscheinlichkeit, dass dieser Mitarbeiter langfristig auch selbst nicht werteorientiert handelt. Zudem lernen Mitarbeiter auch unbewusst – durch Beobachtung und Lernen am Modell. Das bedeutet, dass die Führungskraft nicht nur in Worten, sondern auch in ihren Verhaltensweisen vertrauenswürdig und förderlich sein muss. Zunächst gilt es allerdings, sich der persönlichen Werte bewusst zu werden, bevor dieses werteorientierte Verhalten als idealtypisches Rollenmodell vorgelebt werden kann.

Konsequenzen für die Führungspraxis

Was heißt das für Sie als Führungskraft im beruflichen Alltag?

1. Sie haben sicherlich Erwartungen an Ihre Mitarbeiter formuliert und dann sogenannte Commitments (Vereinbarungen) getroffen? Dann leben Sie auch tagtäglich vor, was Sie von Ihren Mitarbeitern an Leistung, Verhalten und Werten erwarten. Zum Beispiel Fleiß, Disziplin, Zuverlässigkeit, Fairness, Respekt und Integrität. (Die „Übung Werteanalyse“ im nächsten Abschnitt erleichtert Ihnen die Umsetzung.)

2. Niemand ist in allen Bereichen perfekt – auch Sie nicht. Denn die Verwirklichung dieses Anspruchs hängt von Faktoren ab, die Sie nicht beeinflussen können: unzureichende Zuarbeit, Zeitdruck usw. Viel wichtiger ist, dass Sie glaubhaft sind und das, was Sie versprechen, auch transparent umsetzen. Erst dann werden Sie zu einer Identifikationsfigur.
3. Nutzen Sie die neuesten Erkenntnisse der Motivationspsychologie: den Priming-Effekt! Der besagt, dass Menschen unbewusst etwas nachahmen, wenn sie ihre Aufmerksamkeit darauf richten. Sind Sie beim Joggen schon mal überholt worden? Und dann unwillkürlich ein wenig schneller geworden? Aha!
4. Setzen Sie Ihr persönliches Engagement also um, anstatt nur Engagement einzufordern. Ihr Engagement überträgt sich auf die Motivation Ihrer Mitarbeiter. Sie können dann auf die üblichen Motivationssprüche („Ihr müsst endlich mal wieder richtig Gas geben, um die Ziele zu erreichen!“) verzichten, wenn Sie selbst „Gas geben“ und vorleben, was Sie von anderen fordern.

Achtung, Führungsfalle: Viele Führungskräfte sonnen sich in ihrem doch (angeblich) so vorbildlichen Führungsverhalten. Bedenken Sie: Ob Sie ein Vorbild sind, entscheiden nie Sie selbst, sondern grundsätzlich die anderen, also Ihre Mitarbeiter.
Lösung: Lassen Sie sich regelmäßig, gern auch informell, von Ihren Mitarbeitern ein Führungs-Feedback

geben. Hinterfragen beziehungsweise bestätigen Sie sich in Ihrer Vorbildfunktion. Das hilft bei der Auflösung des „blinden Flecks".

Übung Werteanalyse

Die folgende Übung hilft Ihnen, Ihre zentralen beruflichen Werte zu identifizieren. Lesen Sie sich die folgende Liste von Begriffen in Ruhe durch. Wichtige Begriffe markieren Sie mit einem Textmarker.

Abenteuer – Abwechslung – Aktivität – Anerkennung – Ansehen – Anziehungskraft – Attraktivität – Aufrichtigkeit – Aussehen – Ausstrahlung – Authentizität – Bedeutung – Beförderung – Begeisterung – Beharrlichkeit – Beliebtheit – Besitz – Bewunderung – Beziehungsfähigkeit – Bindung – Bindungsfähigkeit – Charisma – Ehrgeiz – Ehrlichkeit – Eloquenz – Entfaltungsfreiheit – Entwicklung – Erfolg – Erholung – Familie – Fortschritt – Freigiebigkeit – Freiheit – Freude – Freundschaft – Gelassenheit – Geselligkeit – Geld – Genuss – Gesundheit – Gerechtigkeit – Glück – Harmonie – Heiterkeit – Höflichkeit – Humor – Intellekt – Intelligenz – Karriere – Kinder – Kreativität – Lebensfreude – Lebensstil – Leistung – Lernen – Macht – Mobilität – Nachhaltigkeit – Nostalgie – Offenheit – Optimismus – Ordnung – Partnerschaft – Perfektionismus – Pflichterfüllung – Pflichtgefühl – Pünktlichkeit – Reichtum – Respekt – Rückhalt – Ruhe – Selbstwert – Sicherheit – Sieg – Sinn – Sorgfalt – Sympathie – Teamfähigkeit – Toleranz – Tradition – Treue – Überlegenheit – Unabhängigkeit –

Unbekümmertheit – Ungebundenheit – Unternehmungslust – Veränderung – Verantwortungsbewusstsein – Vergnügen – Vertrauen – Vision – Wachstum (persönlich, geistig) – Wertschätzung – Zielstrebigkeit – Zugehörigkeit – Zukunftsorientierung – Zuverlässigkeit

Wählen Sie jetzt die zehn wichtigsten Werte aus. Natürlich können Sie dabei auch eigene Werte bestimmen, die nicht in der Liste waren.

____

____

____

Nehmen Sie sich Zeit für eine Selbstreflexion:

- Wie und in welcher Form werden diese Werte von Ihnen durch welches konkrete Verhalten in Ihrem Arbeitsbereich vorgelebt und umgesetzt?
- Gab es in den letzten Monaten Tätigkeiten und Situationen, die vollständig im Einklang mit Ihren Werten standen?
- Können Sie Situationen und Arbeitsbereiche identifizieren, die im Widerspruch zu Ihren zentralen Werten stehen?
- Welche Erwartungen an das konkrete Verhalten haben Sie an Ihre Mitarbeiter, wenn Sie diese Werte gemeinsam leben wollen? Haben Sie diese kommuniziert? Und werden diese akzeptiert?

Die transformationale Führung nutzt die Kraft der persönlichen Ausstrahlung. Die Führungskraft wirkt dabei als Vorbild, indem sie die Werte, die sie einfordert, selbst vorlebt. 30

3.2 Motivation durch Inspiration

Die transformationale Führungskraft kommuniziert eine anspornende Zukunftsvision, die die Mitarbeiter emotional berührt, und zeigt jedem Einzelnen seine Möglichkeiten auf, einen eigenen Beitrag zur Erreichung dieser Vision zu leisten.

Die Signalwirkung einer Vision

Bei der zweiten Komponente der transformationalen Führung vermittelt und kommuniziert die Führungskraft eine Vision, formuliert die daraus abgeleiteten

erreichbaren Ziele und bespricht Strategien, wie die Vision alltagstauglich umgesetzt werden kann.
Dieses attraktive und optimistische Bild von Zukunft – eine Vision ist ein „Traum mit Abgabetermin“ – hat Signalwirkung. Die Vermittlung eines starken Zielbewusstseins trägt dazu bei, dass eine Tätigkeit als sinnvoll empfunden wird. Der Mitarbeiter sieht seine Aufgabe als bedeutend an, denn sie wird in einen großen Gesamtzusammenhang eingebettet. Die Frage „Wozu mache ich das alles eigentlich?“ ist damit beantwortet, und dadurch geht der Mitarbeiter auch herausfordernde Aufgaben motiviert an.

Konsequenzen für die Führungspraxis

Was heißt das für Sie als Führungskraft im beruflichen Alltag?

1. Setzen Sie sich mit der Vision, der Strategie und den Zielen Ihres Unternehmens und Geschäftsfeldes auseinander. Holen Sie Ihren Chef und Kollegen mit ins Boot, wenn Ihnen Informationen fehlen oder Sie Fragen zur Unternehmenspolitik haben. Überlegen Sie sich genau, was Ihr persönlicher Beitrag sein könnte, um die gesteckten Ziele zu erreichen.
2. Erklären Sie diese Zusammenhänge auch Ihren Mitarbeitern. Sie sollen Ihre Ansichten zu den Zielen des Unternehmens kennen, verstehen und dahinterstehen. Nutzen Sie regelmäßige Teamrunden und Telefonkonferenzen. Suchen Sie das individuelle Gespräch. Lassen Sie Fragen ebenso zu wie kritische

Kommentare. Überzeugen Sie durch klare Argumente! Bauen Sie Ihre verbalen und rhetorischen Fähigkeiten aus, um diese gezielt einsetzen zu können.

3. Sprechen Sie bei allen Bedenken und Hindernissen immer auch positiv über die Zukunft. Kontrollieren Sie also eher sich selbst als andere (Self-Leadership). Lassen Sie Ihren Gefühlen nicht gleich freien Lauf, auch wenn Sie manchmal frustriert oder ärgerlich sind, weil Sie mit manchen unternehmerischen Entscheidungen nicht ganz zufrieden sind. Bedenken Sie, dass Sie nicht immer die Wünsche der Mitarbeiter erfüllen können, sondern als Führungskraft den Anforderungen Ihrer Organisation gerecht werden müssen.
4. Binden Sie Ihre Mitarbeiter bei der Umsetzung Ihrer Vorhaben auch gleich mit ein, wenn es um die Ziele Ihres Bereiches geht. Wichtig dabei: Ziele sollten herausfordernd sein, aber nicht überfordern!
5. Verdeutlichen Sie Ihren Mitarbeitern ihren Beitrag zum Ganzen. Zeigen Sie jedem Einzelnen, wie wichtig seine Arbeit für das Unternehmen und Ihren Bereich ist. Überprüfen Sie, ob es in den Augen eines Mitarbeiters „sinnlose" Tätigkeiten gibt, und sprechen Sie das offen an. Nur dann können Sie diesen auf den Grund gehen, sie thematisieren und womöglich (gemeinsam) Lösungen entwickeln.

Achtung, Führungsfalle: Häufig hängen große, dekorative Plakate mit Visionen und Leitbildern in den

Fluren und Besprechungsräumen von Unternehmen. Dazu werden in Teamsitzungen Hochglanzbroschüren verteilt, die meist sofort in den Papierkörben landen. Diese Vorgehensweise berührt Mitarbeiter wenig und hat – weil kein Bezug zum Alltag vorhanden ist – wenig Begeisterungspotenzial.

Lösung: Machen Sie jedem einzelnen Mitarbeiter bewusst, welche Bedeutung sein alltägliches Handeln für das Erreichen großer Ziele hat. Das ergibt Sinn und schafft Verständnis. Wenn beispielsweise Nachhaltigkeit und ökologisches Handeln als Säulen in der Unternehmensvision verankert sind, passen dazu energieeffizientes Fahren im Betrieb und wenig Papierverbrauch im Büro. Sie sollten diese Zusammenhänge im Gespräch mit dem Mitarbeiter thematisieren, erklären und den Bezug herstellen.

30 *Eine transformationale Führungskraft vermittelt die Vision des Unternehmens und verdeutlicht jedem einzelnen Mitarbeiter seinen Betrag zur Erreichung dieses Ziels. So empfinden Mitarbeiter ihre Tätigkeiten als sinnhaft und gehen sie entsprechend motiviert an.*

3.3 Anregung von Eigenverantwortung

Die transformationale Führungskraft hält die Mitarbeiter zum eigenständigen Problemlösen an, fordert kritisches Hinterfragen und unterstützt das Aufbrechen von eingefahrenen Denkmustern und Gewohnheiten. Der Status quo wird infrage gestellt.

Das Potenzial von Diskussionen

Das geistige Anregen der Mitarbeiter als dritte Komponente der transformationalen Führung beschreibt die Fähigkeit der Führungskraft, die Mitarbeiter bei der Diskussion um Werte, Annahmen und Erwartungen zu unterstützen. Die Führungskraft fungiert eher als Problemsammler denn als Problemlöser. Widersprüchliche Ideen der Mitarbeiter sind willkommen, lieb gewonnene Verhaltensweisen werden überprüft, Entscheidungen hinterfragt. Dadurch werden die Grundlagen gelegt, um den Status quo infrage zu stellen und Veränderungsprozesse zu gestalten. Das ist die beste Chance, um den Zielen auch auf unbekannten Wegen ein Stückchen näher zu kommen.

Zudem wird die Selbstständigkeit der Mitarbeiter gefördert. Sie identifizieren sich eher mit der Strategie, die dazu dient, die Unternehmensziele zu erreichen. Denn diese ist ja jetzt eine im besten Fall selbst gewählte und keine von außen aufgezwungene.

Konsequenzen für die Führungspraxis

Was heißt das für Sie als Führungskraft im beruflichen Alltag?

1. Werden Sie sich zunächst Ihrer eigenen Verhaltensmuster und Denkmuster bewusst, um diese gezielt aufbrechen zu können und dann offen für Neues zu sein. Es ist sinnvoll, für diesen Prozess auch einen Coach zu engagieren, der Sie dabei unterstützt.
2. Öffnen Sie sich für die unterschiedlichen Sichtweisen Ihrer Mitarbeiter bei bestehenden Problemen. Diese können zu besseren Lösungen führen und Denkprozesse anregen. Stellen Sie eher Fragen, als dass Sie Antworten geben. Lassen Sie es nicht zu, dass der Mitarbeiter seinen „Kopf an der Einlasspforte abgibt" und die Meinung vertritt, dass Sie als Führungskraft dafür bezahlt werden, allein die Probleme zu lösen.
3. Orientieren Sie sich nicht nur am bestehenden Vorgehen, sondern beschreiten Sie auch neue Wege. Stehen Sie für eine Dialogkultur und für Veränderungsbereitschaft, indem Sie sich für die Ideen Ihrer Mitarbeiter starkmachen und Ihnen somit den Rücken stärken. Selbst wenn Fehler passieren, sanktionieren Sie diese nicht, sondern geben Sie Ihren Mit-

arbeitern die Chance, aus diesen zu lernen, um besser zu werden.

4. Umgang mit Fehlern: Wer neue Gestaltungsfreiräume bekommt und neue Aufgaben übernimmt, begibt sich auf eine Lernreise. Das bringt mit sich, dass Fehler gemacht werden. Sie müssen lernen, Fehler zuzulassen, und den Mut aufbringen, auch selbst Fehler zu machen und dazu zu stehen. Die Fehlerquellen gilt es zu evaluieren und Verbesserungen abzuleiten.
5. Laden Sie auch ruhig einmal Kollegen, Mitarbeiter und Führungskräfte anderer Bereiche zu Teamtreffen ein. Auch das unterstützt Sie in dem Ansinnen, sich selbst und den Mitarbeitern neue Perspektiven zu eröffnen und neue Wege einzuschlagen.

Achtung, Führungsfalle: Erledigen Sie aus Ihrem Selbstverständnis als „Macher" komplizierte Dinge lieber selbst (geht ja auch schneller!) oder fühlen Sie sich geschmeichelt, wenn ein Mitarbeiter Sie um Hilfe bittet (wie schön, dass er Ihre Kompetenz schätzt)?
Lösung: Reagieren Sie nicht sofort auf die Wünsche des Mitarbeiters und wechseln Sie nicht in den gewohnten Handlungsautomatismus des Problemlösers. Setzen Sie sich stattdessen nach dem Zuhören, Aufnehmen und Bewerten eine kurze „Schonfrist", in der Sie sich überlegen, was in dieser Situation sinnvoll ist, bevor Sie die Entscheidung treffen: selbst agieren oder delegieren und den Mitarbeiter machen lassen?

30 *Bei der transformationalen Führung werden Mitarbeiter gezielt zum kritischen Denken und eigenverantwortlichen Handeln angeregt. Durch Diskussionen und das Einbringen verschiedener Sichtweisen werden neue Wege und innovative Lösungsansätze gefunden.*

3.4 Individuelle Unterstützung und Förderung

Die transformationale Führungskraft kennt die individuellen Stärken, Herausforderungen und Vorlieben ihrer Mitarbeiter und entwickelt gezielt die Fähigkeiten und Potenziale des Einzelnen.

Die Führungskraft als Coach

Als vierte transformationale Komponente verfolgt die individuelle Förderung das Ziel, einen Rahmen zu

schaffen, in dem jeder Mitarbeiter sich optimal entfalten kann. Die Führungskraft fungiert als Coach, Trainer oder Förderer, der den Mitarbeiter bei seiner persönlichen Weiterentwicklung betreut und berät und auf individuelle Bedürfnisse und individuelle Entwicklungspotenziale eingeht. Somit rückt der Entwicklungsaspekt des Geführten in den Vordergrund.
Individuelle Förderung beinhaltet aber auch, dass im Team die unterschiedlichen Bedürfnisse bezüglich Arbeitsinhalten und -struktur, Autonomiebestrebungen, Entscheidungs- und Verantwortungsspielräumen berücksichtigt werden.

Konsequenzen für die Führungspraxis

Was heißt das für Sie als Führungskraft im beruflichen Alltag?

1. Betrachten Sie jeden Ihrer Mitarbeiter als Individuum und nicht nur als Teil einer Gruppe. Jeder Mitarbeiter hat unterschiedliche Stärken, Schwächen, Motive, Werte, Fähigkeiten, aber auch Alltagsprobleme. Neben Teambesprechungen sind regelmäßige Vier-Augen-Gespräche das beste Mittel, um in ruhiger, ungestörter Atmosphäre auf den Einzelnen einzugehen. Beachten Sie: Das Thema individuelle Förderung ist zwar üblicherweise formaler Inhalt des Jahresmitarbeitergesprächs oder -mitarbeiterdialogs, es darauf zu reduzieren, wird dem Anspruch transformationaler Führung jedoch nicht gerecht. Zentral dabei ist die Überzeugung, dass die in individuelle

Förderung investierte Zeit als gewinnbringend und nicht als Verschwendung angesehen wird.

2. Signalisieren Sie aufrichtiges Interesse. Nehmen Sie sich auch im Berufsalltag Zeit für Gespräche, stellen Sie Fragen und hören Sie aktiv zu. Dadurch können Sie sich in den Mitarbeiter hineindenken und -fühlen. Achten Sie auf aktuelle Anliegen und persönliche Bedürfnisse. Erwarten Sie jedoch nicht, dass der Mitarbeiter zu Ihnen kommt, auch wenn Sie das Prinzip der „offenen Tür" leben. Es ist eine Führungsaufgabe, das schlummernde Potenzial der Mitarbeiter zu entdecken, zu entfalten und zu fördern.
3. Sichern Sie sich die Unterstützung der Personalentwicklung oder Personalabteilung. Insbesondere wenn es um Weiterbildungs- und Qualifizierungsmaßnahmen geht, hat der Personaler ein Wörtchen mitzureden. Er sollte aber auch in die Verantwortung genommen werden. Was halten Sie davon, ihn zu einer Besprechung einzuladen, um das Thema „individuelle Förderung" gemeinsam im Team zu erörtern bzw. das Team darüber zu informieren?

Vorsicht, Führungsfalle: Natürlich ist es Ihre Aufgabe, schlummerndes Potenzial zu entdecken und zu wecken, Qualifizierungsbedarf zu ermitteln, Mitarbeitergespräche zu führen und Kontakte herzustellen. Aber liegt die Verantwortung für die individuelle Förderung einseitig bei Ihnen als Führungskraft?
Lösung: Klares Nein! (Siehe Kapitel 4.3.) Auch der Mitarbeiter hat Verantwortung. Er soll sich reflektie-

ren, einschätzen, Stärken und Schwächen sowie Entwicklungspotenziale benennen können, kurzum: sich für sich selbst, seine Aufgabe und Entwicklung interessieren! Deshalb geben Sie ihm doch beispielsweise die Freiheit, innerhalb und außerhalb des Unternehmens, selbst nach sinnvollen (!) Kursen zu suchen, die ihn weiterbringen, wenn das Unternehmen keine interne Weiterbildung ermöglicht. Aber sprechen Sie diese Maßnahmen mit der Personalentwicklung ab.

Die individuelle Förderung der Mitarbeiter geht beim transformationalen Führungsstil weit über die Besprechung dieses Themas in Jahresgesprächen hinaus. Ein echtes Interesse am einzelnen Mitarbeiter ist Voraussetzung. Weiterbildungsmaßnahmen sollten auch mit der Personalabteilung abgestimmt werden. 30

3.5 Reflexion des eigenen Führungsverständnisses

Die folgende Tabelle fasst die vier Komponenten transformationaler Führung mit ihren charakeristischen Verhaltensweisen und deren Konsequenzen noch einmal zusammen:

Beschreibung	Verhaltensweisen	Konsequenzen
Vorbild sein: vorbildliches Verhalten, das mit den Werten konsistent ist; Glaubwürdigkeit.	Modellhaftes Verhalten; Anstrengung, das Richtige zu tun; hohe ethische Leistungsstandards.	Vertrauen und Respekt; Identifikation; Nachahmung; Enthusiasmus.
Visionen aufzeigen: Entwickeln von Zukunftsszenarien; Verdeutlichen des Beitrags zum Ganzen.	Wichtige Ziele emotional vermitteln; Optimismus und Zuversicht anstreben; Visionen kommunizieren, symbolisieren und „leben“.	Begeisterung und Interesse; Arbeit als sinnvoll, bedeutsam und ganzheitlich erleben.
Geistige Anregung: die Herausforderung, mitzudenken und Annahmen bezüglich der Arbeit infrage zu stellen.	Neue Perspektiven einnehmen lassen. Fragen! Entscheidungen hinterfragen und infrage stellen lassen; zu kreativen Ideen ermuntern.	Selbstständigkeit; Partizipation; mentale Flexibilität; Kreativität und Innovation.
Individuelle Unterstützung: Erkennen und Fördern des Potenzials.	Aufmerksamkeit gegenüber individueller Unterstützung. Zuhören! Wahrnehmen der Bedürfnisse des Einzelnen.	Motivation zu mehr Anstrengung; Veränderung des Ansprechniveaus; optimale Potenzialentwicklung.

Fragen zur Reflexion

Hinterfragen Sie Ihr eigenes transformationales Führungsverständnis und beantworten Sie ganz ehrlich die folgenden Reflexionsfragen. Machen Sie ein Kreuz auf der Skala neben den Fragen (von - für „trifft gar nicht zu" bis + für „trifft vollkommen zu"). Im Anschluss finden Sie Raum für persönliche Notizen.

Vorbild sein/Werte vorleben

Was erwarten Sie von Ihren Mitarbeitern in Bezug auf Leistung, Verhalten und gelebte Werte wie Fairness, Respekt, Wertschätzung? Richten Sie sich auch selbst danach?

–←---→+

Sind Sie glaubwürdig, gibt es eine Übereinstimmung zwischen Ihren Werten und Prinzipien und Ihrem alltäglichen Verhalten?

–←---→+

Sprechen Sie überhaupt mit Ihren Mitarbeitern über Ihre wichtigsten Werte?

–←---→+

Wissen Sie, wie Sie von Ihren Mitarbeitern und Kollegen wahrgenommen werden, holen Sie sich regelmäßig ein Feedback?

–←---→+

Strahlen Sie Stärke und Zuversicht aus und gehen Sie mit bestem Beispiel voran, auch wenn es schwierig wird?

–←--→+

Sprechen Ihre Mitarbeiter Sie auch auf persönliche Dinge an? Vertrauen Ihre Mitarbeiter Ihnen?

–←--→+

Inspiration

Schaffen Sie es, Ihren Mitarbeitern zu verdeutlichen, wie wichtig ihre Arbeit ist, um das große Ganze zu erreichen?

–←--→+

Sehen Ihre Mitarbeiter ihre Arbeit als sinnvoll an?

–←--→+

Haben Sie selbst klare Ziele vor Augen? Für das Unternehmen, die Abteilung, die Mitarbeiter und für sich selbst? Sind diese Ziele auch verbindlich?

–←--→+

Blicken Sie mit Ihren Mitarbeitern optimistisch in die Zukunft?

–←--→+

Geistige Anregung

Delegieren Sie gerne?

–←--→+

Nehmen Sie die Vorschläge Ihrer Mitarbeiter auf, verfolgen Sie diese bis zur Umsetzung und geben Sie den Mitarbeitern auch ein Feedback?

–←--→+

Steht es Ihren Mitarbeitern offen, Ihre Entscheidungen auch mal infrage zu stellen?

–←--→+

Lassen Sie bei der Betrachtung von Problemen verschiedene Sichtweisen zu?

–←--→+

Können Sie gut fragen und haben Sie beim Zuhören auch ausreichend Geduld?

–←--→+

Lassen Sie sich durch andere Blickwinkel inspirieren und fordern Sie dies auch von Ihren Mitarbeitern?

–←--→+

Individuelle Förderung

Berücksichtigen Sie die Individualität Ihrer Mitarbeiter und behandeln Sie sie auch wie Individuen?

–←--→+

Kennen Sie die persönlichen Stärken und Schwächen Ihrer Mitarbeiter?

–←--→+

Entwickeln und fördern Sie diese auch individuell?

–←---→+

Unterstützen Sie Ihre Mitarbeiter bei der Verwirklichung ihrer Interessen?

–←---→+

Nehmen Sie sich ausreichend Zeit für Vier-Augen-Gespräche und die Jahresgespräche?

–←---→+

Fordern Sie Ihre Mitarbeiter durch anspruchsvolle Aufgaben heraus?

–←---→+

Raum für persönliche Notizen

Bitte notieren Sie sich Ihre Gedanken zu folgenden Leitfragen:

Wie sehe und erlebe ich mich in Bezug auf die einzelnen Komponenten?

____

____

____

____

Wie möchte ich mich sehen und erleben?

____

____

Wie werde ich von anderen gesehen und erlebt?

Wie möchte ich gesehen werden?

Eine transformationale Führungskraft inspiriert, regt die Mitarbeiter geistig an, fördert sie individuell und ist selbst ein Vorbild. Führungskräfte sollten selbstkritisch hinterfragen, inwieweit sie diesen Ansprüchen gerecht werden und wie sie ihr Führungsverhalten verbessern können.

3.6 Grenzen transformationaler Führung

Der praktische Nutzen transformationaler Führung gilt als sehr gut belegt. Bass und Avolio ermittelten empirische Daten zur transformationalen Führung und konnten so ihre Nützlichkeit in der Praxis testen. Die Vorteile des transformationalen Führungsverhaltens sind:

- eine deutlich größere Mitarbeiter- und Kundenzufriedenheit,
- eine erhöhte Produktivität und dadurch auch
- eine Verbesserung des wirtschaftlichen Erfolgs und der Rentabilität.

Den Zusammenhang zwischen transformationaler Führung und verschiedenen Erfolgsfaktoren haben seitdem zahlreiche internationale wissenschaftliche Studien und Metaanalysen hinreichend gezeigt. Neben objektiven Leistungskriterien wie Verkaufszahlen und Produktivitätskennzahlen gilt dies insbesondere auch für die Mitarbeiterbindung, das Selbstbewusstsein und den Selbstwert der Mitarbeiter sowie deren Innovationsfähigkeit und Kreativität.

Werte zu verändern ist schwer

Dennoch sind auch diesem Führungsstil Grenzen gesetzt. Ein wesentlicher Bestandteil der transformationalen Führung ist, dass die Mitarbeiter ihre Wertedisposition verändern, sich inspirieren und begeistern lassen.

Doch es ist gar nicht so einfach, die Werte eines Einzelnen bzw. eines ganzen Teams zu verändern. Denn das Wesen von Werten ist, dass sie auf bestimmten Überzeugungen und Erfahrungen beruhen, die nicht so leicht veränderbar sind. Niemand wird sich auf Kommando von heute auf morgen ändern. Außerdem sind nicht alle Mitarbeiter in der Lage, mit einer hohen Arbeitsautonomie umzugehen und Eigenverantwortung zu tragen. Es kommt nicht darauf an, alle Vorhaben sofort umzusetzen oder dies zu können. Hier ist Geduld gefragt. Setzen Sie Prioritäten.

Vorsicht, Narzissmus!

Führungskräfte sollten darauf achten, kein überhöhtes Bild von sich selbst zu entwerfen. Denn das Leadership-Model wirkt auf den ersten Blick sehr idealistisch. Sich intensiv nur mit sich selbst und seiner (charismatischen) Wirkung zu beschäftigen, gehört zu den narzisstischen Kernkompetenzen. Narzissmus und partnerschaftliches Verhalten – das passt nur selten gut zusammen.

Hilfreich für eine gute Selbsteinschätzung ist die Nutzung von Feedbackinstrumenten und Monitoring-Systemen wie die Mitarbeiterbefragung und das 360-Grad-Feedback. Idealerweise wird die Selbsteinschätzung der Führungskraft bezüglich aller transformationalen Verhaltensweisen mit der Einschätzung durch geführte Mitarbeiter kontrastiert. So können Führungskräfte durch das Feedback ihr Verhalten verstehen und dann verbessern.

Eine zweite Möglichkeit, das eigene Verhalten zu verbessern, stellen Trainings und Coachings dar. Wissenschaftliche Studien haben bewiesen, dass sich das Führungsverhalten verbessert, wenn Führungskräfte diese

Art von Personalentwicklungsmaßnahmen in Anspruch nehmen.

Herausforderung Kulturwandel

Sicherlich ist es auch nicht einfach, in einer eher transaktional geprägten Unternehmenskultur transformationale Führungskonzepte umzusetzen, um so dem eigenen Führungsanspruch gerecht zu werden.

Idealerweise steht der Vorstand bzw. die Geschäftsführung hinter dem Kulturwandel, initiiert, begleitet, fordert und fördert ihn. Ist dies nicht der Fall, dann geben Sie nicht auf! Positionieren Sie sich und nehmen Sie dort transformational Einfluss, wo Sie ihn haben: in Ihrer Abteilung, in Ihrem Team, im direkten Umgang mit Ihren Mitarbeitern. Gehen Sie mit gutem Beispiel voran und verstehen Sie sich als kleine „transformationale Zelle". Es ist leichter, sich selbst (und sein eigenes Umfeld) zu verändern als andere.

Das Konzept der transformationalen Führung von Bass und Avolio wurde auch in Hinblick auf seine Wirkung qualitativ-empirisch breit erforscht. Dieser Führungsansatz zeichnet sich durch eine Beziehung zwischen Führungskraft und Mitarbeiter aus, in der sich diese gegenseitig zu gemeinsamen Zielsetzungen fortentwickeln und sich dadurch zu höheren Wertestandards sowie auf eine höhere Ebene der Motivation transformieren.

Transformationale Führung bedeutet:

- ***Vorbildlichkeit: Führungskräfte leben vor, was sie von anderen erwarten.***
- ***Inspiration: Führungskräfte emotionalisieren durch Visionsvermittlung und Sinngebung.***
- ***Geistige Anregung: Führungskräfte ermutigen Mitarbeiter, selbst zu denken und ihre Ideen einzubringen.***
- ***Individuelle Förderung: Führungskräfte fördern individuell und erkennen unterschiedliche Bedürfnisse.***

30 MINUTEN

Warum ist der Führungsbaum eine gute Metapher für ein optimales Führungsverständnis?

Seite 72

Mit welchen Stellhebeln finden Führungskräfte das richtige Maß zwischen transaktionaler und transformationaler Führung?

Seite 74

Worin besteht die Selbstverantwortung des Mitarbeiters im Führungsprozess?

Seite 78

4. Transaktional-transformational: Die Mischung macht's!

Obwohl sich das transformationale Führen in der heutigen Zeit gegenüber dem transaktionalen als überlegen erwiesen hat, kann es nicht immer und überall das Handeln bestimmen. Wenn erforderlich, muss Führung bei Problemen über Kontrolle eingreifen. Schlechte Leistung kann sanktioniert, gute Leistung belohnt werden. Es kommt auf das richtige Maß und die situationsangepasste Bedienung des Mischpults und seiner Stellhebel (siehe Kapitel 4.2) an. Sowohl mit transaktionaler als auch transformationaler Führung kann man erfolgreich Ziele erreichen. Gutes transaktionales Führen zeichnet sich durch Fairness, häufiges und ehrliches Feedback sowie durch klare und anspruchsvolle Ziele aus. Schlechte Führung aus transaktionaler Sicht sind dagegen fehlende oder inkonsistente Ziele, unfaire oder einseitige Rückmeldungen oder intransparente Belohnungen. Gute transformationale Führung geht noch darüber hinaus und vermittelt Ziele inspirierend und begeisternd, bindet Mitarbeiter ein und lebt vor.

4.1 Der Führungsbaum

Optimal ist eine der jeweiligen Aufgabe und dem einzelnen Mitarbeiter angemessene Mischung aus transaktionaler und transformationaler Führung. Dabei gilt: Transformationale Führung baut auf transaktionaler Führung auf.

Der Führungsbaum symbolisiert ein „Sowohl-als-auch“, das – im Gegensatz zu einem „Entweder-oder“ – das optimale Verhältnis von transaktionaler und transformationaler Führung zum Ausdruck bringt.

Die Wurzeln des Baumes symbolisieren das Prinzip der leistungsorientierten Anerkennung über die sieben Führungswerkzeuge (transaktional). Die transformationalen Prinzipien erhalten durch ihre erhöhte Position in den Verästelungen der Baumkrone jedoch einen besonderen Stellenwert, der ihrer Bedeutung in einem optimalen Führungsverhalten entspricht.

Optimal ist eine Mischung aus transaktionaler und transformationaler Führung. Die transformationalen Prinzipien sind dabei von besonderer Bedeutung, die transaktionale Führung bildet jedoch die Basis.

Abb. 2: Der Führungsbaum als Metapher des neuen Führungsverständnisses ▷

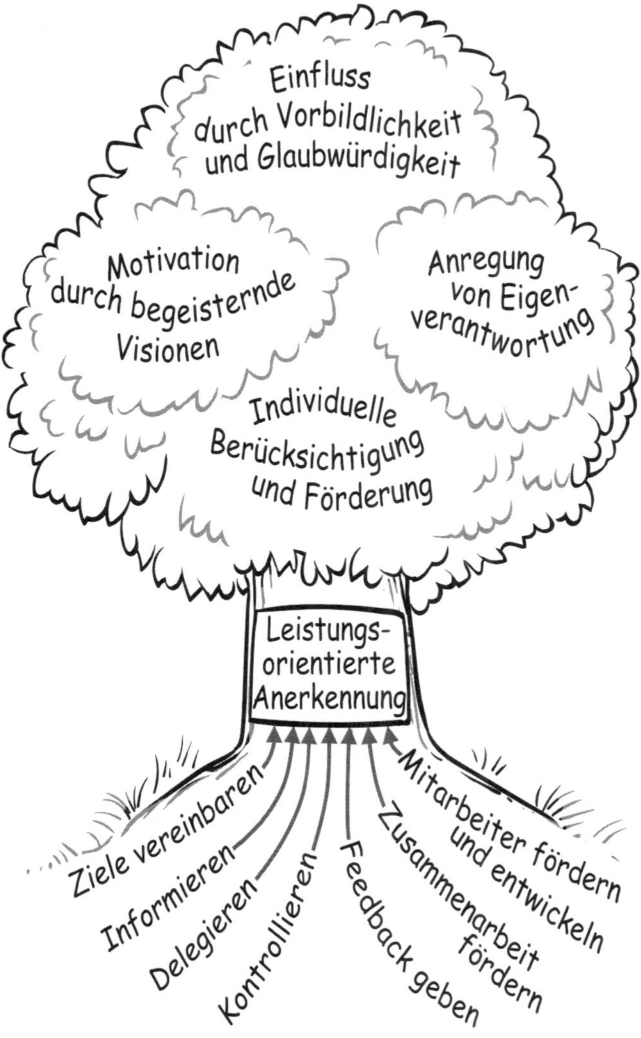
Einfluss
durch Vorbildlichkeit
und Glaubwürdigkeit
Motivation
durch begeisternde
Visionen
Anregung
von Eigen-
verantwortung
Individuelle
Berücksichtigung
und Förderung
Leistungs-
orientierte
Anerkennung
Ziele vereinbaren
Informieren
Delegieren
Kontrollieren
Feedback geben
Zusammenarbeit
fördern
Mitarbeiter fördern
und entwickeln

4.2 Die Stellhebel wirksamer Führung

Eine Führungskultur in Reinform ist in der Praxis nicht anzutreffen. Die meisten Unternehmen weisen sowohl strukturgebende transaktionale Elemente wie auch belebende transformationale Elemente auf. Bei Letzteren kann auch eine wirksame Veränderung der Führungskultur ansetzen.

Über das persönliche Führungsverhalten hinaus braucht ein neues Führungsverständnis auch Strukturen und Prozesse, die diese Art der Führung zulassen. Das heißt: Die Führungskraft kann neben ihrem Verhalten zusätzlich noch andere „Stellhebel" bedienen und, wie von Wolfgang Jenewein und Marcus Heidbrink bereits beschrieben, für entsprechende strukturelle Rahmenbedingungen sorgen. Wie auf einem Mischpult können die Kriterien neu gemischt werden. Der Regler wird – je nach Situation – entweder mehr in die eine oder andere Richtung geschoben, beispielsweise so:

Es gibt Situationen, in denen die Entscheidung durch die Hierarchie angemessen ist, etwa sicherheitsrelevante Bereiche, in denen die Führungskraft und Arbeitsschutzbeauftragte Regeln vorgeben (Stellhebel links). Wenn es aber darum geht, die Schichtpläne oder gar Urlaubspläne neu auszuarbeiten, kann durchaus auf einen erfahrenen Kollegen als „Experten" zurückgegriffen oder die Aufgabe direkt an das Team delegiert werden (Stellhebel rechts).

Die Herausforderung und der Ansporn bestehen nun darin, im Führungsalltag die Stellhebel durch geeignete Maßnahmen (siehe folgende Praxistipps) ein wenig mehr in die Richtung „transformational" zu regeln.

Am Mischpult aktiv werden

Überprüfen Sie den Grad der transaktionalen bzw. transformationalen Führung in Ihrem Einflussbereich anhand folgender Kriterien. An welchem Stellhebel können Sie regulieren?

1. Stellhebel: Zweck der Organisation

Transaktional: Reines Erwirtschaften von Gewinn.

Transformational: Gesellschaftliche Relevanz, Kundennutzen, Vision.

Praxistipp: Definieren Sie neben der Gewinnerzielung noch weitere Organisationsziele: Wer Leistung fordert, muss Sinn bieten!

2. Stellhebel: Struktur und Hierarchie

Transaktional: Klare Hierarchie-Ebenen und Entscheidungen „von oben".

Transformational: Wenig Formalismus und dezentraler Organisationsaufbau.

Praxistipp: Sorgen Sie für klare Zuständigkeiten Ihrer Fachexperten. Und: So viel Struktur wie nötig, so viel Freiheit wie möglich.

3. Stellhebel: Entscheidungswege

Transaktional: Entscheidungen werden top-down getroffen.

Transformational: Jeder kann Ideen einbringen und schnell umsetzen (Expertenmeinung).

Praxistipp: Lassen Sie Ihre Mitarbeiter entscheiden und fördern Sie das sogenannte Empowerment.

4. Stellhebel: Dynamik der Organisation

Transaktional: Erhalt des Status quo, Angst vor Veränderung.

Transformational: Der Wille zur Veränderung und die entsprechende Einstellung sind spürbar und werden auch kommuniziert.

Praxistipp: Richten Sie bewusst den Blick auf nicht realisierte Wachstumspotenziale und auf Veränderungschancen.

5. Stellhebel: Riten und Legenden

Transaktional: Häufige monologische Ansprachen von Geschäftsführung und Management sowie Ehrungszeremonien.

Transformational: Erfolge werden zusammen gefeiert und auch eher spontan von funktionierenden Teams.

Praxistipp: Feiern Sie Feste gemeinsam, und zwar dann, wenn es angebracht ist.

6. Stellhebel: Arbeitsautonomie

Transaktional: Klare Rollenverteilung und -definition. Mitarbeiter sind Teil einer funktionierenden Wertschöpfungskette.

Transformational: Experten haben viel Freiraum, um ihre Stärken und Talente in die Organisation einzubringen.

Praxistipp: Lassen Sie den Mitarbeitern die Freiheiten, ungewöhnliche Ideen auszuprobieren. Auch Fehler sind erlaubt.

7. Stellhebel: Steuerung

Transaktional: Alles wird genau kontrolliert. Bei Abweichung von der Norm wird unmittelbar sanktioniert.

Transformational: Neues wird ausprobiert und die daraus gewonnenen Erfahrungen werden kollektiv genutzt.

Praxistipp: Auch hier gilt: Lassen Sie Ihre Mitarbeiter auch ungewöhnliche Wege gehen und neue Ideen ausprobieren. Dabei sind Fehler erlaubt.

8. Stellhebel: Kooperationsformen

Transaktional: Erfolge des eigenen Geschäftsbereiches stehen im Vordergrund.

Transformational: Der Netzwerkgedanke wird gefördert. Der teamübergreifende Austausch findet statt, ohne dass er angewiesen werden muss.

Praxistipp: Treffen Sie sich regelmäßig mit Ihren Kollegen zu einer „Führungswerkstatt", um Schnittstellenprobleme zu erkennen und zu lösen. Betonen Sie das gemeinsame Interesse der Organisation.

9. Stellhebel: Interessen

Transaktional: Das individuelle Interesse des Mitarbeiters steht im Vordergrund und wird durch individuelle Prämiensysteme und Bonuszahlungen gefördert.

Transformational: Eigene Interessen werden zum Wohl der Gruppe zurückgestellt: „Wir" geht vor „ich". Gegebenenfalls werden Teamprämien ausgehandelt.

Praxistipp: Sanktionieren Sie egoistisches Verhalten, wenn es schädlich für das Erreichen des übergeordneten Zwecks der Organisation und des Teams ist.

30 *Eine Veränderung des Führungsverhaltens bezieht auch die strukturellen Rahmenbedingungen mit ein. Hier gilt es, in den verschiedenen, oft noch stark transaktional geprägten Bereichen die Stellhebel ein Stück in Richtung transformationaler Führung zu verschieben.*

4.3 Führung ist gegenseitige Beeinflussung

Vielen Mitarbeitern ist selbstverantwortliches Handeln in ihrer beruflichen Entwicklung „aberzogen" worden.

Sie haben es während ihres 30- bis 40-jährigen Berufslebens nie gelernt, Entscheidungen zu treffen und die Konsequenzen zu tragen. Stattdessen haben sie sich der „Vorgesetzten-Meinung“ angepasst und jede Initiative vermieden. Nicht wenige Mitarbeiter meiden Entscheidungssituationen, weil sie nicht bereit sind, den Preis für die gewählte oder nicht gewählte Möglichkeit oder gar des Scheiterns zu zahlen.
Generell aber gilt: Im Zeitalter unternehmensübergreifender Projekte, Netzwerke und fließender Strukturen lassen sich die Grenzen zwischen Führenden und Geführten nicht mehr so klar wie früher ziehen. Führung ist keine Einbahnstraße. Führungskräfte benötigen die Akzeptanz ihrer Mitarbeiter. Das „Ja“ zur Führung artikuliert sich in ihrer Initiative, ihrem Engagement und ihrer Loyalität.

Jeder ist verantwortlich

Ein Mitarbeiter, der seine Aufgaben hat, ist auch verantwortlich für seine Ergebnisse. Da gibt es nichts zu delegieren. Jeder Mitarbeiter soll für seine Leistung Verantwortung übernehmen und entscheiden, welche Hilfsmittel er braucht. Mehr transformationales Führen heißt, dass Mitarbeiter lernen, Entscheidungen selbst zu treffen und mit den Konsequenzen zu leben.

> Führung ist verantwortlich dafür, einen Rahmen zu gestalten, der jeden Mitarbeiter ermutigt und befähigt, Verantwortung für seine Leistung zu übernehmen.

Die Kunst von Leadership besteht in der Schaffung von Konstellationen, in denen Mitarbeiter, die entscheiden sollen, es auch können. Diese Form des Loslassens bedeutet allerdings nicht, die Mitarbeiter alles machen zu lassen und jede Mitverantwortung zu ignorieren. Im Gegenteil: Dieser Ansatz gründet auf der festen Überzeugung, dass die allermeisten Mitarbeiter wissen, was zu tun ist, dass man ihnen dieses Selbstvertrauen jedoch abtrainieren kann, was unbedingt vermieden werden sollte. Damit ist Führung auch immer als eine gegenseitige Beeinflussung zu verstehen.

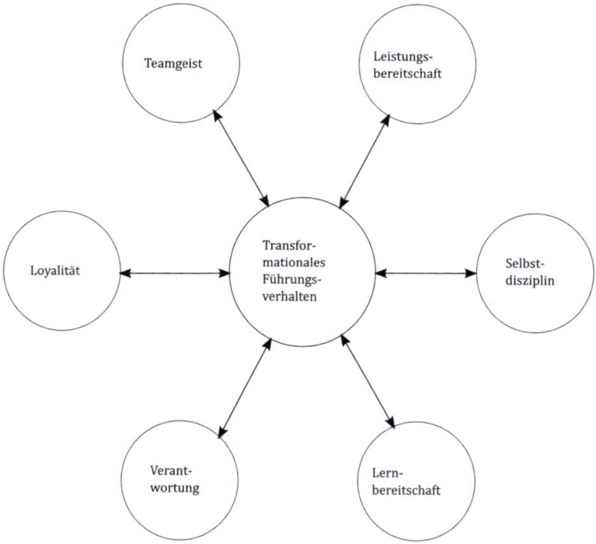

Abb. 3: Transformationale Führung ist auch eine Herausforderung für die Mitarbeiter.

Jeder ist aufgefordert

- die eigene Meinung einzubringen.
- eigeninitiativ Dinge zu hinterfragen.
- gute Führung einzufordern.
- mehr persönliche Verantwortung zu übernehmen.

Die Führungskraft ...	Der Mitarbeiter ...
ist selbst begeistert vom Unternehmen und kann Mitarbeiter begeistern.	beteiligt sich konstruktiv an Diskussionen, bringt Kritik aber fair und sachorientiert ein.
fördert neue Ideen, neue Techniken und Lösungsansätze.	nutzt den eigenen Entscheidungsspielraum, löst Probleme selbst oder im Team.
handelt unternehmerisch, erkennt und nutzt Chancen für das Unternehmen.	denkt über den unmittelbaren Zuständigkeitsbereich hinaus und hat das „große Ganze“ im Blick.
treibt die Weiterentwicklung an, anstatt den Status quo zu verwalten.	erkennt Probleme rechtzeitig und informiert die Führungskraft, wenn das Problem nicht von ihm selbst oder von Kollegen gelöst werden kann.
lebt vor, was sie selbst von anderen erwartet.	verhält sich loyal gegenüber dem Unternehmen, den Kollegen sowie der Führungskraft.
kennt die persönlichen Interessen und Bedürfnisse der Mitarbeiter und beschäftigt sie individuell.	übernimmt Verantwortung und nutzt die vorhandenen Entscheidungsspielräume.

behandelt die Mitarbeiter fair, auch wenn sich Entscheidungen später als Fehler herausstellen.	lernt aus Fehlern – wertet Fehler ehrlich aus und vermeidet es, den gleichen Fehler zu wiederholen.
formuliert hohe Erwartungen an sich selbst und die Mitarbeiter.	arbeitet selbstständig daran, immer noch besser zu werden und dazuzulernen.
kann auch eigene Fehler eingestehen.	kann auch Entscheidungen mittragen und akzeptieren, die er selbst nicht so getroffen hätte.

30 *Transformationale Führung ist keine Einbahnstraße. Mitarbeiter sind gefordert, selbst Entscheidungen zu treffen und Verantwortung zu übernehmen. Aufgabe der Führungskraft ist es, einen Rahmen zu gestalten, der dies möglich macht.*

4.4 Erste Schritte zur Umsetzung

Um Ihnen eine Vorstellung davon zu geben, wie ein transformationales Führungsverständnis im beruflichen Alltag gelebt werden kann, hier einige Beispielsituationen, die Ihnen aus Ihrem Führungsalltag bekannt sein werden. Sie sind keinesfalls als Patentrezepte, sondern als Anregungen zur Reflexion gedacht.

Beispiel: Delegation von Arbeitsaufträgen

✓ Stellen Sie den Sinn und Nutzen der Arbeit für das Erreichen der übergeordneten Ziele dar. Machen Sie Ihre Erwartungen deutlich.

- ✓ Räumen Sie den Mitarbeitern einen möglichst großen Handlungsspielraum bei der Umsetzung ein, je nach Art der Aufgabe, dem Erfahrungsstand, den Fähigkeiten und der Persönlichkeit (oberstes Prinzip: so viel Freiheitsgrade wie möglich).
- ✓ Akzeptieren Sie Fehler – dann, wenn es die Situation erlaubt.
- ✓ Berücksichtigen Sie die individuellen Bedürfnisse des Mitarbeiters hinsichtlich der Arbeitsorganisation.

Das sollten Sie vermeiden:

- Geben Sie nicht jeden Umsetzungsschritt der delegierten Aufgabe detailliert vor.
- Pochen Sie nicht ständig auf Rückmeldung zu erfolgten Arbeitsschritten.
- Erteilen Sie keine unklaren Aufträge ohne erkennbares Ziel oder ersichtlichen Nutzen.

Beispiel: Besprechungen und Workshops

- ✓ Machen Sie Ihren Mitarbeitern den Sinn der Besprechung deutlich („Wozu sitzen wir hier zusammen?“).
- ✓ Definieren Sie die Ziele und halten Sie die Tagesordnung bis zum Ende durch. Bei wichtigen Anlässen/ Gründen lassen Sie jedoch auf Wunsch der Mitarbeiter Abweichungen von der Agenda zu.
- ✓ Fordern Sie Ihre Mitarbeiter dazu auf, an der Themenauswahl und Gestaltung der Besprechung mitzuwirken (Themen können vorher evtl. eingereicht werden).

- ✓ Überlassen Sie Ihren Mitarbeitern turnusmäßig die Leitung bzw. Moderation von Besprechungen.
- ✓ Berücksichtigen Sie die Belange der Mitarbeiter in der Besprechung.

Das sollten Sie vermeiden:

- Arbeiten Sie nicht einfach nur stur die Tagesordnung ab, ungeachtet von unvorhergesehenen Themen, Ereignissen oder neuen Ideen, die währenddessen auftauchen.
- Halten Sie keine Monologe und schränken Sie Diskussionen nicht grundsätzlich ein.

Beispiel: Fehlermanagement

- ✓ Ermutigen Sie die Mitarbeiter, Neues zu wagen, auch wenn durch Neuerungen zunächst die Fehlerquote steigen könnte.
- ✓ Initiieren Sie Lernprozesse durch das gemeinsame, dialogorientierte Auswerten von Fehlern.
- ✓ Danach formulieren Sie klare Erwartungen zum Qualitätsanspruch und unterstützen die Weiterentwicklung des jeweiligen Mitarbeiters über fachliche Qualifizierungen oder individuelle Betreuung.

Das sollten Sie vermeiden:

- Verzichten Sie darauf, die Mitarbeiter zur vorausschauenden Fehlervermeidung zu kontrollieren – unabhängig von Person und Aufgabe.
- Erledigen Sie die Aufgaben nicht selbst und korrigie-

ren Sie keine Fehler, ohne dass der zuständige Mitarbeiter etwas davon erfährt.
- Sanktionieren und maßregeln Sie Mitarbeiter nicht öffentlich im Teammeeting.

Viele Situationen, die jede Führungskraft aus ihrem beruflichen Alltag kennt, bieten gute Gelegenheiten, die Prinzipien der transformationalen Führung unmittelbar in die Praxis umzusetzen.

4.4 Transformationale Führung hält gesund

Dass transformationale Führung der Weg ist, um erfolgreich die Herausforderungen der heutigen Arbeitswelt zu meistern und als Führungskraft gute Ergebnisse zu erzielen, wurde bereits umfangreich beschrieben. Darüber hinaus bietet dieser Führungsstil aber auch Vorteile, mit denen man zunächst vielleicht gar nicht rechnet. Ein Beispiel gefällig?
Forscher der Universität Dresden baten in einer Studie ca. 94 000 Mitarbeiter aus 16 Ländern,
a) den Führungsstil ihrer unmittelbaren Vorgesetzten zu beschreiben und
b) Aussagen zu ihrer eigenen Gesundheit zu machen.

Mit Abstand am gesündesten fühlten sich jene Befragten, deren Führungskraft transformational führte. Es wurde zudem auch ein Zusammenhang zwischen schlechter Gesundheit und fehlender Führung gefunden. Ohne jegliche Einflussnahme und Rückmeldung nimmt die Motivation schnell ab, was häufig auch zum Verlust von Eigeninitiative und Konflikten in Teams führt. In diesen Abteilungen war nicht nur der Krankenstand am höchsten, die Befragten klagten auch über eine hohe gefühlte Belastung.

Transformationale Führungskräfte sorgen dagegen dafür, dass durch Qualifizierung und das Einräumen von Handlungs- und Entscheidungsspielräumen Ressourcen entwickelt werden, die das Gesundheitsrisiko deutlich mindern. So nehmen sie aktiv Einfluss auf:

- die Gestaltung von Arbeit und Arbeitsumfeld (Aufgabenverteilung, Arbeitszeitenregelung).
- die soziale Unterstützung über Kommunikation und Interaktion.
- das persönliche Gesundheitsbewusstsein der Mitarbeiter über ihre Vorbildfunktion hinsichtlich der eigenen gesundheitsförderlichen Selbstführung.

Damit wird auch deutlich: Transformationales Führen bedeutet keineswegs, „auf Kuschelkurs" zu gehen, sondern Leistung einzufordern, zu fördern und zu erzielen und gleichzeitig einen positiven Einfluss auf die Gesundheit der Mitarbeiter zu nehmen.

Eine rein transaktionale oder transformationale Führungskultur ist in der Praxis kaum anzutreffen. Die transaktionalen sieben Werkzeuge der leistungsbezogenen Anerkennung als Wurzeln (eines Führungsbaumes) stabilisieren die Organisation. Sie stehen für das Steuern und Optimieren. 30

In Phasen von Veränderungen ist eine dynamisierende transformationale Kultur jedoch eindeutig von Vorteil. Sie baut wie eine Baumkrone auf der transaktionalen Wurzel auf und fördert und unterstützt die Bereitschaft der Mitarbeiter zum Um- und Mitdenken, persönlicher Anteilnahme und Weiterentwicklung.

Nach Heidbrink und Jenewein stellt sich die Führungskultur anhand von zehn Faktoren dar, an denen ihre wirksame Veränderung ansetzt. Wie der Stellhebel an einem Mischpult kann der Regler – je nach Situation – entweder in die eine oder andere Richtung geschoben werden. Je mehr der Regler Richtung transformational geschoben wird, desto gesünder und leistungsfähiger fühlen sich laut einer Dresdner Studie die Mitarbeiter.

Fast Reader

1. Gesellschaft und Führung im Wandel

Die Arbeitswelt verändert sich rasant – technologisch, ökonomisch und sozial. Zusätzlich erhöhen der demografische Wandel und die Forderungen der jungen und nachwachsenden Generationen den Druck auf die Unternehmen, sich diesen Anforderungen zu stellen.
Um einerseits strategische Herausforderungen zu meistern, andererseits den Wünschen und Werten der Mitarbeiter gerecht zu werden, wird Führungskräften mit dem transformationalen Führungsverständnis ein Modell mit konkreten Handlungsempfehlungen an die Hand gegeben.
Die transformationale Führung verändert das Verhalten und Bewusstsein aller Beteiligten durch das Thematisieren moralischer Werte und ansprechender Zukunftsvisionen, intellektuelle Stimulation und individuelle Förderung.

Die Veränderungen in der Arbeitswelt erfordern Führungskräfte, die in der Lage sind, auf kontinuierliche Veränderungen flexibel zu reagieren. Sie sind

- ***Veränderungs-Coaches,***
- ***Vermittler zwischen den Generationen,***
- ***selbst noch Lernende,***
- ***Vermittler in interkulturellen Teams,***
- ***Förderer erfolgreicher virtueller Zusammenarbeit und***
- ***in Zukunft vielleicht sogar eine Art ethisches Korrektiv in der digitalen Welt der Industrie 4.0.***

2. Transaktionale Führung

In den vergangenen Jahren hat sich eine Dualität in der Betrachtungsweise von Führungsstilen durchgesetzt. Mit Bass und Avolio kam die Unterscheidung der transaktionalen (Manager) und transformationalen (Leader) Führung in die Diskussion, welche die Führungsstilforschung heute dominiert. Die transaktionale Führung beinhaltet ein konventionelles Führungsverhalten, leitet sich aus dem Führungsregelkreis ab und ist erlernbares Handwerk.

Die transaktionale Führung nutzt folgende Werkzeuge:

- ***Ziele definieren, vereinbaren oder vorgeben***

- ***Weg und Zielerreichung kontrollieren***
- ***Feedback zum Prozess und Ergebnis geben***
- ***Aufgaben entsprechend delegieren***
- ***Mitarbeiter optimal informieren***
- ***Zusammenarbeit im Team steuern***
- ***Mitarbeiter qualifizieren***

3. Transformationale Führung

Aktuelle gesellschaftliche Veränderungen stellen wachsende Ansprüche an die heutigen und zukünftigen Führungskräfte. Ein Umdenken in der Art der Führung ist daher gefragt.
Das Konzept der transformationalen Führung von Bass und Avolio gilt als ein Führungsansatz, der diesen Ansprüchen gerecht wird. Auch in Hinblick auf seine Wirkung wurde er bereits qualitativ-empirisch breit erforscht. Er zeichnet sich durch eine Beziehung zwischen Führungskraft und Mitarbeiter aus, in der sich diese gegenseitig zu gemeinsamen Zielsetzungen fortentwickeln und sich dadurch zu höheren Wertestandards sowie auf eine höhere Ebene der Motivation transformieren.

30 ***Transformationale Leader zeigen Verhaltensweisen, die den vier Komponenten transformationaler Führung zuzuordnen sind. Transformationale Führung bedeutet:***

- ***Vorbildlichkeit: Führungskräfte leben vor, was sie von anderen erwarten.***
- ***Inspiration: Führungskräfte emotionalisieren durch Visionsvermittlung und Sinngebung.***
- ***Geistige Anregung: Führungskräfte ermutigen Mitarbeiter, selbst zu denken und Ideen einzubringen.***
- ***Individuelle Förderung: Führungskräfte fördern individuell und erkennen unterschiedliche Bedürfnisse.***

4. Transaktional-transformational: Die Mischung macht's!

Eine rein transaktionale oder transformationale Führungskultur ist in der Praxis kaum anzutreffen. Die transaktionalen sieben Werkzeuge der leistungsbezogenen Anerkennung stabilisieren die Organisation. In Phasen von Veränderungen ist eine dynamisierende transformationale Kultur jedoch eindeutig von Vorteil. Weiterhin haben internationale Untersuchungen ergeben, dass sich Mitarbeiter am gesündesten und leistungsfähigsten fühlen, wenn die Führungskraft einen transformationalen Führungsstil pflegt.
Ideal ist somit eine Synthese aus maximaler transformationaler und moderater transaktionaler Führung.

Zu beachten ist dabei auch, dass Führung keine Einbahnstraße ist. Sie wird als eine bilaterale Beziehung mit wechselseitiger Beeinflussung definiert, in der auch der Mitarbeiter ein hohes Maß an Verantwortung für das Erreichen von gemeinsamen Erfolgen hat.

30 ***Nach Heidbrink und Jenewein stellt sich die Führungskultur anhand von unterschiedlichen Faktoren dar, an denen ihre wirksame Veränderung ansetzt. Diese „Stellhebel" betreffen:***

- ***den Zweck der Organisation***
- ***die Struktur und Hierarchie***
- ***die Entscheidungswege***
- ***die Dynamik der Organisation***
- ***die Riten und Legenden***
- ***die Arbeitsautonomie***
- ***die Steuerung***
- ***die vorhandenen Kooperationsformen***
- ***die individuellen und kollektiven Interessen***

Der Autor

Olaf Kortmann ist als selbstständiger Führungskräftetrainer, Managementcoach und Seminaranbieter für nationale und internationale Unternehmen und Konzerne tätig.
An der Universität Hamburg schloss er sein Studium der Philosophie und Sportwissenschaft ab, in Köln die Ausbildung zum staatlich geprüften Diplom-Trainer.
Als Bundestrainer der Herrennationalmannschaft im Volleyball und später im Beachvolleyball haben seine Teams zahlreiche nationale und internationale Titel gewonnen. Höhepunkt seiner sportlichen Trainertätigkeit war die Teilnahme an den Olympischen Spielen in Peking und London.
Er nimmt einen Lehrauftrag der Trainerakademie Köln wahr und bildet dort Bundestrainer und Profitrainer im Lehrfach „Leadership" aus.

Kontakt:
Olaf Kortmann
kortmann@kortmann-training.de
www.kortmann-training.de
www.transformational-führen.de

Weiterführende Literatur

- Avolio, B. J.;Bass, B. M.: Multifactor Leadership Questionaire, Manual. Lincoln 2004.
- Bamberg, E.; Duck, A.; Metz, A. M. (Hrsg.): Handbuch Gesundheitsförderung und Gesundheitsmanagement in der Arbeitswelt. Hogrefe 2011.
- Bass, B. M.; Avolio, B. J.: Improving organisational Effectiveness Through Transformational Leadership. Thousand Oaks 1994.
- DB Mobility Logistics AG: Das neue Führungsverständnis DB. Broschüre für Führungskräfte an der Basis. Unveröffentlichtes Manuskript. HDE 2013.
- Heidbrink, M.; Jenewein, W.: High Performance Organisationen. Wie Unternehmen eine Hochleistungskultur aufbauen. Schaeffer Pöschel Verlag 2011.
- Kortmann, O.; Winkler, B.: Kommunikation ist das Schmiermittel. In: ZOE (Zeitschrift für Organisationsentwicklung) 1/2016.
- Zwingmann, I., u. a.: Is transformational leadership healthy for employees? A multilevel analysis in 16 countries. Zeitschrift für Personalforschung, 28 (1–2), S. 24–51.

Register